# 水网城镇低碳化规划的理论与方法

黄耀志　李清宇　著

U0229930

中国建筑工业出版社

**图书在版编目（CIP）数据**

水网城镇低碳化规划的理论与方法/黄耀志，李清宇
著 . —北京：中国建筑工业出版社，2015.11
　　ISBN 978-7-112-18574-0

　　Ⅰ.①水…　Ⅱ.①黄…②李…　Ⅲ.①水网地 – 城镇 – 城市
规划 – 研究 – 中国　Ⅳ.①TU984.2

　　中国版本图书馆CIP数据核字（2015）第248958号

责任编辑：张　明　陆新之
责任校对：刘　钰　姜小莲

**水网城镇低碳化规划的理论与方法**
黄耀志　李清宇　著
　＊
中国建筑工业出版社出版、发行（北京西郊百万庄）
各地新华书店、建筑书店经销
北京京点图文设计有限公司制版
北京缤索印刷有限公司印刷
　＊
开本：850×1168毫米　1/16　印张：10¼　字数：234千字
2015年12月第一版　　2015年12月第一次印刷
定价：68.00元
ISBN 978-7-112-18574-0
　　　（27781）

# 序

水与城市具有极其密切的关系。包括：水与城市的起源、水与城市选址、水与城市布局、水与城市特色、水与城市兴衰等等。水与城市的关系可从线性的角度思考及表达，即仅考虑河流与城市的关系。有学者的研究结果表明，我国重要的城市几乎都沿江（河）布局，国外的情况也与之类似。

同时，在有些水环境丰富复杂的地域，众多的水系构成了水网，此时，水网与城市的关系就远比单条河流与城市的关系复杂；表达水与城市的关系、追求水与城市的和谐发展也变得更加重要。

从类型的角度而言，城市类型可以分成多种，诸如平原城市、丘陵城市、山地城市、海港城市等等。从水网与城市的空间关系角度，"水网城市（镇）"是确凿无疑存在的一种城市（镇）类型，但遗憾的是，在学术界，这样一种城市类型却长期被人们所忽视，直接与相关研究成果甚少，因此，从这一角度而言，我们发现，研究水网城镇及其规划理论与方法是一个非常重要的研究主题和研究方向。

"低碳化"与"低碳"密切相关。"低碳"概念起源于英国2003年发表的《能源白皮书》中提出的"低碳经济"概念。"低碳化"是指对人类的各项活动所产生的碳排放逐步并有效地减少的过程与趋势。"低碳化"在城市领域，包括产业结构低碳化、建筑低碳化、生产低碳化、生活低碳化等等。值得人们特别引起注意的是：在人居环境规划设计领域，各项规划设计举措经过建设得以固化，此时，碳排放的形式、数量与强度也在一定程度上得到固化，因此，规划设计的低碳化对于人居环境的低碳化具有极其重要的作用。

黄耀志、李清宇先生的《水网城镇低碳化规划的理论与方法》（以下简称为《理论与方法》）一书，以水网城镇为对象，结合多年来的研究与实践及思考，对水网城镇的低碳化规划的理论与方法作出了系统性很强的阐述，是一本具有学术风范、填补了本领域空白的重要的、不容忽视的著作。

遵嘱写作本书的序言后，我阅读了《水网城镇低碳化规划的理论与方法》书稿，以个人浅见，该书有如下十个（但不限于）值得重视的优点和亮点：

其一，理论体系完备、逻辑结构严密

《理论与方法》一书共分四个部分，分别为："开启城市规划第三次革命的钥匙"、"针对水网城镇低碳化的系统认识"、"覆盖城乡的低碳化网络"、"低碳水网城市的组织与构建"。可以发现，这四个部分的相互关系具有层次递进、宏观与中观-微观相结合、区内与区外相结合的明显特点；同时，也具备了理论体系完备、逻辑结构严密的突出特征。

其二，广阔的视野

尽管该书的主题与对象从城市类型角度而言是"水网城镇"，但该书作者却有着深邃的思考和广阔的视野，表现之一即是对世界城市规划历史的系统梳理、分析和把握。

然而，世界城市规划历史的文献汗牛充栋，理论思潮与实践动态不胜枚举，在短时间之内将之清晰表达谈何容易。但是，黄耀志、李清宇两位先生却在纷繁复杂的对象中，抓住了"牛鼻子"，其突出表现之一即从"规划革命"的角度对之进行梳理。

《理论与方法》高屋建瓴地将世界城市规划的发展演进历史归纳为"三次革命"。其中，第一次为"为城市生存而进行的革命"（第一章），第二次为"谋求公共利益而进行的革命"，第三次为"低碳城市与低碳化规划"（第三章）。这样一种对世界城市规划历史演进的归纳和把握需要有较高的学术功力才能达到。

其三，对"网络"及其相互关系的系统认知

"水网城镇"既是一种城镇类型，其与"网络"自然不可分割。因此，对"网络"的性质、功能、类型及其相互关系的认知与剖析就成为一个不可忽视的学术问题。两位作者注意到了网络所具有的延展性、层次性、关联性的特点，明智地与《理论与方法》一书的基本物质要素——水网络取得呼应，并对与水网络直接相关的"绿网络"和"碳网络"从构成要素和形式、作用及层次等方面进行了精辟的阐述。

值得强调指出的是，"碳网络"是作者所提出的一个概念，具有新颖性，同时对《理论与方法》一书而言，又是一个重要的"结构组件"。《理论与方法》一书对碳网络进行了明确的界定，指出了碳网络作为人类利用空间资源最集约的形式所具有的"不容改变性"。通过对长三角城镇区域空间格局和城镇结构类型的分析，两位作者提出了未来长三角碳网络的雏形将会是由高速公路和铁路网串联形成的"四轴多中心"结构。

水网络、绿网络、碳网络的相互关系是一个令人感兴趣的学术问题，同时，也是一个具有相当难度的研究课题。两位作者基于自己的长期研究，从自然系统、社会发展、低碳化三个角度，通过对"核心"、"生命线"、"载体"、"发展轴"、"基底"、"框架"等关键词的解译和诠释，令人信服地、巧妙地回答了三者之间的关系，给人以深刻的启迪。

其四，对"碳特质"的系统分析

碳是广泛存在于自然界的一种元素，与人类生活息息相关。从效应角度而言，碳既会产生正面、也会产生反面的功能与作用。规划师只有对碳效应具有全面的认识和把握，才有可能开启"生态化规划之旅"。从这一角度而言，对"碳特质"进行深入解析是一件非常重要的工作。

黄耀志、李清宇两位作者从"碳类型"的角度对"碳特质"展开深入解析，对褐碳、黑碳、绿碳、蓝碳进行了详细的介绍和深入剖析，给人耳目一新的感受。两位作者明确指出，对水网地区及水网城镇而言，这四种碳类型都起着独特的重要作用，是不可对任何一个方面偏废忽视的。值得指出的是，两位作者对碳特质的系统解析，为该书后文的结构构建及展开，奠定了一个坚实的基础。

其五，对传统城市规划的反思与低碳化规划的定位

在《理论与方法》一书中，两位作者对传统城市规划的进行了反思，并对低碳化规划进行了定位。对前者，作者认为，城市规划作为一门综合的学问，有三个弱点：技术上偏软——缺少即效性的解决办法；理论上趋同——发展千年规划理论"同而不合"；实践上不以规划师的意志为转移——现行体制决定了话语权的归属。

对后者，两位作者指出，城市规划中的低碳化属于生态城市建设的范畴，最终目标是实现城镇与自然环境的和谐共生，包含低碳城镇发展模式、低碳交通、低碳社区、低碳空间形态等诸多方面的规划。低碳化规划在体系上是可持续发展框架中生态城市规划的一个分支，目的是减少碳排放，实现城市与自然系统的融合；在行动上属经济—社会—环境整体系统低碳化的一部分，着重于确保人类发展空间的紧凑多样和复合共生，为低碳化的社会经济发展提供平台。因此，低碳化的城市规划是以最大限度地减少温室气体排放为目标，以城镇空间为物质载体，研究低碳化的发展模式、发展方向、城镇布局和综合安排各项工程建设的综合部署。

《理论与方法》对传统城市规划的反思与低碳化规划定位的思考无疑具有极大的必要性，也是本书的重要理论成果之一。

其六，对水网城镇的系统认识与深刻解析

《理论与方法》一书以长三角为例，通过对水网密度、水网与城镇形态、水网与城镇生活、水网与交通等几个方面众多现象及问题的分析，明确指出，仅以人们普遍意象中的"水陆比例"关系出发判定"水网城镇"是不合理不科学的；水网城镇的构成要素既包括水网密度，也包括水与城镇生活的密切关联程度、水网与城市的空间形态的关系、水网与人们的交通出行等诸多方面，对水网城镇的界定必须综合考虑以上因素。《理论与方法》明确地给出了"水网城镇"界定："水网城镇是指水网密度为4km/km$^2$左右的地区，水网与城镇空间形态发展深度结合并成为城镇交通的重要方式及城镇生活的主要物质载体的人类集聚区。"

考察这一对"水网城镇"的界定，我们可以发现，一方面，黄耀志、李清宇两位先生将水网城镇的形成、发展这两个关键因素作为水网城镇界定的重要方面，可说是抓住了问题的核心，同时，值得令人称道的是，这一对"水网城镇"的界定还考虑了定量因素（即水网密度为4km/km$^2$左右地区）。

其七，对长三角水网城镇发展的全面把控及表达

对城镇发展状况进行表达是一项极为复杂的工作。《理论与方法》一书从土地利用、水网形态、绿地建设三个方面对长三角水网城镇的发展状况进行全面的把控、解析及表达，是十分恰当的。其中，从城镇空间拓展的蔓延化、土地开发强度与产出率的关系、城镇空间开发的有序性和城镇建设的生态足迹几个方面，概括并归纳了长三角水网城镇的土地利用规律和趋势；从水网结构、水面积比重、地下水源开采率、水环境污染等几个方面表达了长三角水网城镇的水网形态演进的轨迹；从绿地系统的健全程度、绿地布

局的均衡程度、绿地碳汇功能的强度等几个方面论证了长三角水网城镇的发展状况。更为可贵的是，《理论与方法》还对长三角水网城镇的碳排放原因进行了逻辑引导的表达，这种将城镇发展与碳排放关联研究的方法对城镇发展状态的全面、科学的把握所起的积极作用是毋庸置疑的。

其八，对长三角水网城镇特质及碳排放关系的系统分析

"城镇特质"是本书的既具有新颖性、又具有较大信息量的重要概念。以我看来，城镇特质的明确表达无疑是具有重大挑战的课题之一。黄耀志和李清宇两位作者基于多年的实践及思考，从区域层面、城镇层面、开发建设三个方面阐述了长三角水网城镇特质，显示了两位对这一问题的敏锐的学术眼光和准确把握。

两位作者更对长三角地区的区域、城镇、开发建设与碳排放的关系进行了深入细致的描述与归纳，具有相当的准确性。两位作者指出，长三角区域的人口、产业、城镇的空间格局是碳排放的背景，保障水网就是保障低碳化，绿地是规划研究的基础；长三角城镇结构类型的分析是低碳化规划的不可或缺的前提条件，结合水网的城镇形态才是低碳的形态；等等。基于长期的深入调研及实践，两位作者也对长三角地区的水网城镇开发建设与碳排放的关系进行了深入解析，明确指出：水网城镇土地开发建设无视环境成本与经济成本，是造成土地无序开发并进而导致碳排放升高的潜在性威胁的根源；水网城镇的开发建设造成了社会阶层的分异，造成了交通成本与行政成本的上升，间接增加了碳排放；水网城镇开发建设所存在的零碎的土地和高密度的人口之间的矛盾造成了城镇内部实体空间向高密度发展，是导致城镇高能耗的原因之一。

其九，提出了覆盖城乡的低碳化网络

2011年3月初，国务院学位管理办公室正式决定将城乡规划学定为一级学科，这标志着城市规划学科的发展从20世纪初的"近代城市规划学"、"二战"后的"现代城市规划学"演化为"城乡规划学"的崭新阶段。这一具有"必然性"和"偶然性"双重特性的重要事件引起了规划学界的高度重视，表现之一是冠以"城乡"的研究文献层出不穷。然而，学界也切实感受到，真正意义上将城、乡两个范畴的研究加以完美整合的文献并不多见。《理论与方法》则是将城、乡两个范畴的低碳化研究予以完美融合的重要著作之一。

如，两位作者将水网络分成区域和城镇两个层面，提出了在区域层面上进行水网络功能区划与保护，在城镇层面上开展水网络空间恢复的观点；针对绿网络，两位作者明确指出，绿地生态网络的核心指导思想是将绿网与水网融合，与城市空间相互嵌套。合理的绿地生态网络对长三角水网城镇低碳化的影响主要应落实在区域资源配置、城市规模控制、城镇居民生活等方面。针对碳网络，两位作者进行了基于能源消耗的碳排放总量计算、基于城市碳排放组成部分的计算、未来碳排放的情景分析，进行了长三角碳网络的组织模式的分析，提出了长三角碳网络的理想模式，长三角碳网络组织的六个步骤和碳网络低碳化指标的构成。

可以发现，黄耀志和李清宇两位作者对水网络、绿网络、碳网络的评价、保护、布

局、组织、构建等进行了真正意义上的城乡统筹思考，对长三角水网城镇所做的一系列分析、所提出了一系列的精彩观点，都颇有见地并值得称道。

其十，提出了低碳水网城市的组织与构建路径

"低碳水网城市"的组织与构建是水网城镇低碳化规划的理论与方法的集中体现。《理论与方法》一书从城镇外部空间形态优化、城镇内部实体形态优化两个方面来切入这一问题，应该说是抓住了问题的核心与关键。

在城镇外部空间形态优化部分，针对水网，两位作者提出了"水网进化"的命题，并进而提出了形态主导期、形态退化期、形态重塑期三个演进阶段的划分；针对绿网，两位作者提出了"绿网磁力"的概念，并通过形态、吸附作用等予以论证，在此基础上，两位作者给出了长三角绿网的规模建议数据。两位作者还对环太湖都市密集区、沿江与杭州湾都市密集区、外围一般城市等地区的城镇外部空间形态的优化分别给出了针对性的措施。特别值得指出的是，《理论与方法》在地块开发建设层面，提出了以动态性的规划编制方法、低碳化的地块尺度、混合化的地块居民三层次的措施确保城镇外部空间形态的低碳化。

在城镇内部实体形态优化部分，《理论与方法》一书表现出了高度的实事求是精神。如，明确指出了城镇内部实体形态的优化不能仅从形态出发，而应以城镇宜居性、居民舒适度为目的。此外，还提出了"开敞空间的'首位度'"的概念，提出了基于不同季节的公共空间生态设计策略，人工环境的三层优化，"宜居性图像"的检验等。

通过以上所述的内容，《理论与方法》一书完满地完成了低碳水网城市的组织与构建工作。

以上可以说主要是从内容角度对《理论与方法》一书的亮点的认识与归纳。实际上，从方法论和独创性等角度，我们也可以很容易地发现该书所具有的独特的气质和亮点。以下仅举几例：

（一）比较方法的应用

《理论与方法》将国内外比较作为一种重要的分析方法应用于该书中，通过比较方法，《理论与方法》一书对所研究的长三角地区的水网城镇与国际上类似城镇的差异和特性进行了深入的剖析，据此得出了一系列重要的结论，这使得该书所研究的长三角水网城镇被置于全球的视野与背景之中，从而为本书的研究在层次和深度上均达到了一个很高的水平奠定了坚实的基础。

（二）定量数据的应用

依我的观察和认识，《理论与方法》一书对定量数据的应用具有主动性的追求，在给人深刻的印象之余，也使得作者所论证阐述的命题具有逻辑上的力量，具有强有力的说服力。如，第七章对太湖流域重要生态保护区内建设用地以及城镇建设用地占有的比例数据的使用，给人以强烈的印象，相信读者会因此感觉并认识到问题的严重性。又如，《理论与方法》对世界环境和发展委员会（WCED）报告——《我们共同的未来》中的"应该留出12%的生物生产土地面积以保护生物多样性"数据的介绍和阐释，亦使我们知

道国际权威机构对生物多样性保护的具体举措之一。所有这些都反映了两位作者的思维及论证的严密性。

（三）地方性

地方性或地域性是生态学的重要原则之一。《理论与方法》一书在多个部分和篇章中秉承并始终贯彻了地方性这一原则。如在实体空间优化方法的研究中紧扣长三角气候环境条件这一核心要素，通过适应该地区自然生态特点的地块选择、结构密度、街道网络、开敞空间和建筑实体的设计方法研究，最终提出了关于城镇形态优化的内容。这样一种以地方性为出发点及准则的思路，具备了生态学的基本内涵，是十分值得发扬光大的。

（四）完型意识的充分体现

歌德曾经说过："我们在投向世界每一瞥关注的目光的同时，也在整理着世界。"这里的"整理世界"与"完型意识"具有精密的关联，实际上反映了规划的本质内涵之一，即对客观世界不完善之处的敏锐体认，以及在体认基础上的改善冲动。

《理论与方法》一书在完型意识的体现方面具有很高的水准，书中对各类城市（包括水网城镇）的各个系统和各个方面的改善、趋优调整及规划的见解和看法俯拾即见。这充分体现了《理论与方法》一书的重要特点之一，即问题剖析与问题解决相融合。这无疑属于"知""行"关系的巧妙融合与恰当处理的精彩范例。

（五）模式与原型的提炼

模式是事物之间隐藏的规律关系的表达，是客观事物的内外部机制的直观和简洁的描述，模式亦被认为是前人积累的经验的抽象和升华。原型是指人们模拟要开发的系统的原始模型，原型代表着事物特征的初始形状。在人居环境规划设计领域中，应用模式与原型的思考及分析方2法，有助于对客观事物的深层次因素的理解与把握。《原理与方法》多处用到了模式与原型的思考及研究方法。如，在《原理与方法》的第三部分，作者对国内外著名地区、城市绿地系统的布局结构和模式进行了分析比较，提炼出了针对不同区域、城镇结构形态的参考原型，并将两者落实到长三角区域和城镇绿地生态网络建设中去。这样一种思考、研究及表达方式，充分说明了《理论与方法》一书作者所具有的高度的学术水平，同时也使得《理论与方法》具有了浓厚的学术气质。

（六）独创及新颖观点的普遍性

截至2014年累计销量过千万册、创下中国图书销量奇迹的《明朝那些事儿》具有许多达成此"奇迹"的要素，按照联想集团创始人柳传志的话来说是评论、挖掘，本人却以为，除此以外还应该包括"见识"。"见识"在某种程度上而言是独创性的表达，是独创性成果的必然体现，同时，"见识"也是使任何论著具有生命力的最核心的要素之一。《理论与方法》一书的"见识"在数量上众多，在"质量"上厚重，给我强烈的独创性的感觉，该书中层出不穷的新颖观点，目不暇接的真知灼见，既鞭辟入里，又予人启迪，相信将极大地提升该书的可读性和影响力，对今后本领域及相关领域的进一步的研究及实践无疑将发挥里程碑的意义。

在此，仅以如下话语结束本序言：衷心期待两位作者今后有更多更好的著作问世，本人对此深信不疑。

是为序。

沈清基[①]
2015年8月18日于同济园

---

[①] 沈清基：同济大学建筑与城市规划学院教授，博士生导师，《城市规划学刊》副主编，中国城市规划学会城市生态规划学术委员会副主任委员，中国城市科学研究会生态城市专业委员会常务副主任委员，国际景观生态学会（IALE）会员，国际景观生态学会中国分会理事。

# 前　言

　　始于1990年代初的分税制改革，地方政府成为真正的独立财政实体[①]，以营利为目的，大规模介入城市开发建设。主要位于我国东部沿海地区的水网城镇凭借其优越的区位条件、健全的基础设施和低廉的税负吸引着世界各国资本，使该地区一跃成为世界上最具竞争力的城市群。然而与经济发展相伴生的环境问题日益突显，国家统计局2010年资料显示，长三角水网地区$CO_2$排放量由1990年的1.03亿t增长到2008年的5.91亿t，年平均温度也由1980年代的15.6℃增加到2010年的16.7℃。

　　规划师、建筑师和社会工作者们早已关注了环境问题，并在近二十年的时间中孜孜不倦地研究与探索，倡导和实践了诸如生态城市、山水城市、清洁城市、卫生城市、园林城市等理念与方法，创造出了一系列完整的规划体系、规划原则与指标，并在实际工程中加以应用。但究其根本，在规划的实质性问题上，依然缺乏对城市无序扩张、水源污染、$CO_2$浓度升高等问题的核心把握。与这些生态城市规划实践同步的是水网城镇年平均气温逐年升高、空气质量不断下降、水网绿地被城镇建设用地逐渐蚕食，其造成的一系列社会与环境问题，大大降低了该地区的宜居性。

　　因此，在2003年英国《我们未来的能源——创建低碳经济》（State for Trade and Industry，UK，2003）白皮书中的"低碳"一词被首次提出后，立刻成为城市规划中的重要抓手，并预示着城市规划在经历了物质规划时期和科学化、定量化、模拟化时期后，正在开启第三个时期的里程碑（Peter Hall，2009）。诚然，低碳城市的研究涉及能源利用、技术开发、居民生活方式改变、污染处理、废物回收利用等方方面面，但是我们必须认识到自然界的大部分$CO_2$由水体和绿地吸收固存，人类社会发展所排放的$CO_2$是可以通过对土地覆被的科学规划来进行碳的汇聚，最终达到平衡状态。基于不同地区合理的低碳化规划的方法与程序研究就显得尤为重要。

　　长三角水网地区河川纵横、湖荡密布，水网对城镇发展、城镇建设和交通的重要影响。这一地区四季分明、季风交替的亚热带气候，以吴越文化为主的历史传承；其国内生产总值占全国的19%、贡献全国22%的财政收入，同时，人均$CO_2$排放量达到8.13t（国家统计局国民经济综合统计司，2010）、水质型缺水的特点突出。因此，研究这一区域不仅应涉及水网、绿网和城镇等土地覆被组成的布局，还必须深入城镇内部，通过对不同网络之间的融合，寻找低碳化的发展方向和适应长三角气候条件的实体空间布局方法。同时，水网城镇低碳化规划的研究，应确立以碳排放的程度作为衡量城市生态化的重要标准，着重解决低碳化规划中对水网环境、当地文化、生物多样性、土壤质量等问

---

　　① 赵燕菁，刘昭吟.税收制度与城市分工[J].城市规划学刊，2009（6）：4-10.

题的整体性研究。低碳规划是发展契机，是实现水网城镇可持续发展的起点，而不是最终目标。

目前国内外针对城镇低碳化规划方法的研究呈现两种趋势，其一集中在理论发展层面，包括原理、内涵、发展战略与相关新技术介绍等；其二集中在相关城镇或地块的实践探索层面，选择针对城镇形态、交通组织、内部空间、绿地廊道等单一问题进行深入。无论是从长三角、珠三角等水网城镇的区域范围或是城镇内部来看，碳排放的加剧、水网环境质量的下降都是系统内部各要素相互影响、相互作用的过程，研究希望突破现有研究的局限性，借鉴系统论的方法，以长三角水网城镇作为研究对象，探讨该地区水网生态环境、城镇建设发展与碳排放之间的相互关系。研究目标最终指向促进该地区低碳化发展的不同子系统的网络化布局模式，和改善区域内部不同城镇各要素之间物质、能量与信息流动方式，进而带动整体的可持续发展。

本书以长三角水网城镇为例，梳理了水网城镇的特征。长三角地区是当前我国城镇化最迅速、经济最发达、水网地貌最突出的城市群。研究首先从界定研究范围开始，分析与定义什么是水网城镇；其次运用系统论的方法从不同层次对区域空间格局、水网类型特点、绿地系统特征、城镇结构、水网形态、土地利用等多角度的进行特征分析；然后确定长三角水网城镇的特点，找出现状问题，从属于规划程序的第一步以具体明确研究的方向性和代表性。

本书提出了低碳化的网络系统构建程序。系统是由若干要素以一定结构形式联结构成的具有某种功能的有机整体[①]，它包含系统、要素、结构、功能四个方面，研究需要规划设计一个恰当的结构来安排相关要素发挥它们各自的功能以形成一个稳定、低碳的系统。落实到长三角水网城镇的自然生态系统规划中，需要确定与碳排放、吸收直接相关的要素的各自功能，并进行网络化布局，在宏观与中观层面首先形成一个相对稳定的运行系统。

本书总结了低碳化城镇形态与开发控制方法。在形成一个稳定高效的网络化结构的前提下，低碳生态的水网城镇建设需要聚焦于与水网有共生关系的城镇用地形态，适应当地气候环境条件的内部三维空间布局，契合环境与经济一体化发展、契合民生要求的土地开发控制方法来从外部空间与内部建设两方面去真正实现水网城镇的低碳化。

从研究重点上，本书集中于三大核心。第一，研究内容的核心：低碳。长三角水网城镇的研究仍然是为解决人们过度开发所带来的环境问题而不得不去寻求科学合理的规划程序与方法，其内容核心就是低碳，通过区域网络构建、城镇内外形态优化、地块开发控制来实现温室气体排放与吸收的平衡。第二，研究地域的核心：水网。水网环境是研究地域自然生态系统的本质特征，通过规划手段实现该区域的低碳化的首要步骤就是从分析水网城镇特征出发，通过不同层面的解析来找准现状问题及与碳排放的关系。第三，研究方法的核心：系统。城镇是一个复杂的巨系统，低碳化的实现不仅是规划设计单一城镇的外部空间形态和内部实体布局，更需要网络化的组织区域范围内城镇、水

---

① 全国科学技术名词审定委员会. 系统论[DB/OL]. http://baike.baidu.com/view/62521.htm.

网、绿地的相互关系。因此，单一层次的研究难以保证上下连续性，运用系统的方法综合主要影响因素构建长三角水网城镇的网络结构，并研究各因素与低碳化的关系，做出综合部署与安排。

从研究思路上，本书首先将系统观贯穿整体。将水网城镇看作一个整体的巨系统的前提下，分析与碳排放相关要素的不同层次的特征与问题，从系统整体与内部各城镇两方面研究低碳化规划的程序与方法。其次，本书的研究从水网开始，3×3的结构体系。为研究实现水网城镇低碳化的规划程序与方法，建构了双层结构体系。第一层次的研究内容包含水网城镇的界定与分析，区域网络的分解与重构，城镇内外形态与开发控制方法；第二层次延续第一层次的系统结构包括：①与水网城镇的界定，该地区特质的不同层面的认识，现状问题与碳排放关系；②水系网络的评价与保护，绿网络的布局与构建，排碳网络的计算与组织；③城镇外部空间形态优化，内部实体形态研究，开发控制方法。第三，本书用网络组织，网络化是系统的高级形式。规划设计一个低碳的生态环境系统，需要研究影响碳排放与吸收的各要素之间的关系，与简单的从区域—城镇—用地的树形结构规划模式不同，首先需要网络化的布局水系—绿地—城镇。由区域网络的构建到网络节点即城镇形态的优化再到节点中心用地的控制来实现整体的低碳化。第四，本书的研究在城镇落实，最终目标瞄准城镇建设用地。无论是传统的生态规划设计方法，还是"反规划"理论其操作程序优先关注不可建设用地的确定，与建设用地的规划呈上下级的关系。在实际操作中，只限制开发，却对建设用地的布局、形态、实体空间等决定碳排量的核心缺乏工作。因此，研究最终瞄准城镇建设用地来实现低碳化的规划目标。

# 目　录

# 第一部分　开启城市规划第三次革命的钥匙

历史是低碳规划理论与方法研究的明灯，每一次的规划理论的革新总会经历一个重要的启蒙、一段快速的进步、一个完整体系的提出和一个宪章诞生的过程。回顾城市规划理论与实践的发展历程变革，其产生与发展属于典型的问题导向型的过程，与城镇化的地域、城镇化的时间、城镇化的过程紧密相连，理论与实践的时间上略滞后于城镇化的发展，但理论的提升和完成与城镇化的完成基本同步。

人类运用城市规划方法来解决城市问题大致经历了三次革命。

"第一次规划革命"自欧洲开始的第一次工业革命导致城市环境与卫生恶化的危机至"二战"之前，解决了人类是否适合在城市居住的问题；"第二次规划革命"从"二战"后到1970年代，主要关注美洲城市居民公共利益分配的问题；"第三次规划革命"产生于1970年代，主要关注城市生态环境的可持续发展问题[①]，截至目前尚未结束。

"第一次规划革命"以欧洲城市化的结束为标志，以城市功能分区为抓手，最终制定了《雅典宪章》，统一了城市的物质空间模式；"第二次规划革命"以美洲城市化的结束为标志，以城市发展的动态性为抓手，最终制定了《马丘比丘宪章》，转变了原来纯粹功能、静态蓝图、精英规划的单一思想体系；"第三次规划革命"聚焦可持续发展问题，研究生态城市规划理论与方法，进行绿色城市规划建设已经有一段时间了，然而图纸与现实相疏离，问题不减反增的根本原因在于规划始终没有找到清晰抓手，缺乏紧迫感。低碳化规划是以碳排放作为衡量城市生态化的重要标准，同时着重解决单一的低碳化所有包含的对水网环境、当地文化、生物多样性、土壤质量、城镇高密度所带来的环境"压强"等内容缺失的问题进行整体性研究；并以低碳规划为契机，将其作为实现城镇可持续发展的起点，而不是最终目标。低碳化规划可能是开启城市规划第三次革命的钥匙。

同时，自工业革命以来，社会化大生产为城市创造了大量的财富，也导致城市环境与卫生恶化的危机。近现代城市规划的理论研究和实践探索，经历了从探寻城市卫生、人口、住房等问题的具体方法的物质空间规划层面；进而扩大到在区域角度出发，联系更广大的乡村，量化城市规模、道路等级、绿地比率等指标，通过城市分散、绿地网络的隔离、快速交通的联系来实现城市与自然的有机结合；而到目前的低碳城市规划理论则又在本质上回归具体，规划立足于城市以及城市群体，把握碳元素这一核心来实现人类孜孜不倦去追求的可持续发展，这也是矛盾的主导方向变化后而导致的螺旋式上升的过程。

---

① 吴志强，肖建莉.世博会与城市规划学科发展——2010上海世博会规划的回顾[J].城市规划学刊，2010（3）；6-13.

## 第一章　第一次规划革命：为了城市的生存

现代城市规划的产生是为了解决现代"城市问题"而在社会实践的过程中逐步形成和发展起来的。18世纪发起于英国物质生产领域的大变革——工业革命，直接影响了社会结构、法律制度、阶级关系、价值观念乃至大众生活方式。工业和贸易的繁荣发展，传统的手工业转向机器大生产，城市物质资源的不断累积，欧洲首先进入了城市化进程，面对大量劳动力涌向城市，城市资源紧缺、居住环境卫生日益恶劣等问题日益突显，城市规划理论经历了第一次变革。

### 1.1　美好的萌芽

16世纪前期，英国资本主义还处于萌芽时期，托马斯·摩尔（T. More，1478—1535）针对他所处的、他认为是不合理的社会制度与形态，提出"乌托邦"概念。他主张通过对社会组织结构等方面的改革来建立理想社会的整体秩序，其中也包括物质形态和空间组织等方面的内容。他理想中的建筑、社区和城市，有54个城，城与城之间最远一天可到达。市民轮流下乡参加农业劳动，产品按需向公共仓库提取，设公共食堂、公共医院，废弃财产私有观念。这种废弃私有财产制的思想，影响了以后许多代的空想社会主义者：圣西门（Saint-Simon，1760—1826）、傅立叶（Charles Fourier，1772—1837）、欧文（Robert Owen，1771—1858）等，在稍后的基督教之城、太阳城中得到体现。

欧文提出以"劳动交换银行"及"农业合作社"解决私人控制生产与消费的社会性之间的矛盾。他认为未来社会将按公社组成，人数为500～2000人，土地国有并分给各个公社，以公有制为基础，实行部分的共产主义。农业公社不断发展，最后分布于全世界，政府消亡，形成公社联盟。1817年欧文在给"解放制造业穷人委员会"的报告中提出了理想居住社区计划，称为"新协和村"。这个社区的理想人数介于300人到2000人之间，人均1英亩耕地或略多。新协和村中间设公用厨房、食堂、幼儿园、小学会场、图书馆等，周围为住宅，附近有用机器生产的工场与手工作坊。村外有耕地、牧场及果林。全村的产品集于公共仓库，统一分配，财产公有。社区的劳动生产剩余额，在满足基本需要之后，以雇佣的劳动力作为货币比较的依据而进行自由交换。在建筑的形态上，欧文反对庭院胡同和大街小巷的方式，认为一个大正方形，或者更确切地说，一个平行四边形在形式上对这个集体的家庭布局具有更大的好处。欧文曾多次尝试以将他的计划付诸实践。1825年，他向美国总统和国会呼吁后，用自己财产的4/5，在印第安纳州购买了12000hm$^2$土地建设新协和村，有9000名追随者在此定居。该村的组织方式与1817年的设想方案相似，但建筑布局不尽相同。在整个资本主义社会的包围下，实验很快失败了。这个社区后来却成为美国西部的开发建设中地区的一个重要中心。

1829年空想社会主义的另一位杰出代表人物傅立叶发表了《工业与社会的新世

界》一书，思想基础是从个人兴趣上引导人类的行动的哲学和心理学理论。他以人类的12种基本感情的相互组合来解释一切历史。他认为，人类社会的最后阶段，生活和财产将完全集体化，以法郎吉（phalanges）为基本单位。法郎吉的最佳人数是1620人，根据劳动性质或种类的不同分成若干生产队。大家共住在一种叫做"法郎斯泰尔"（phalanstery）的特殊建筑中，成员可以根据自己的爱好选择劳动内容，多样化的劳动方式符合自然的多样化情欲。在劳动中竞赛将取代竞争，劳动将成为乐事。法国、阿尔及利亚和新喀里多尼亚先后尝试建设这种建筑，但都失败了。1859 ～ 1870年间，企业家戈丹（J. P. Godin）在吉斯的工厂相邻处完全按照傅立叶的设想建设了一个公司城，包括3个居住组团，有托儿所、幼儿园、剧场、学校、公共浴室和洗衣房等。这次尝试持续了很长时间，在戈丹去世后，它成为了一个完全的生产合作社。美国人 J. H. Noyes 于1848年在纽约州建立了类似的"奥乃达社区"。

在19世纪中叶还有一些其他的探讨。1840年，卡贝（Etienne Cabet，1788—1856）提出了名叫爱卡利亚新的理想城市。这个以社会主义所有制和生产组织为基础的大城市，结合了诸多城市的优美之处。这个城市规划的平面是严格几何形，笔直的河流从中间穿过。完全相同的道路保证行人与车辆分离。城区中60个街区要再现世界上60个伟大民族的特征，房屋要按照每一种风格样式来装饰。1847年卡贝发表了"到爱卡利亚去"的宣言，宣称他在美国得克萨斯州已经获得了所需的土地，并征集了大约500名追随者；1860年在美国西部艾奥瓦州建立了理想城市科宁（Corning），获得了很大成功。1876年科宁因内部的分裂而解体。

无政府主义代言人巴枯宁和克鲁泡特金（Peter Kropotkin，1842—1921）提出创造一个全新的社会，国家已经不复存在，所有的人都不受劳动分工的束缚，整个社会也就不再存在城乡的任何对立。克鲁泡特金将地理学与政治学相结合，提出政治斗争的目的就是要追求整个地域空间的均衡，这种均衡意味着田地和工厂在领土范围内的平均分布，这种平均分布又是建立在紧密联系的基础之上的。他指出："应在全国范围内分布工业，这样就能在农业与工业的联盟及工业劳动与农业劳动的紧密结合中获得不断增加的好处，这是第一个确实可采取的方法。"

与传统建筑学和城市规划领域主要是为王公贵族和上层社会服务的，基本上关注于城市的建筑样式、风格以及城市的空间形式相比，空想社会主义和无政府主义则更加关注城市整体的关系，尤其注重为广大民众和工人阶级的未来发展提供整体性的安排，更加强调对社会制度、体制的改造，将社会改革的理想融入对物质空间的组织中来，并把物质空间的组织作为社会改革和实现新的社会制度、体制的基础。他们的一些设想及理论成为其后"田园城市"、"卫星城镇"等城市规划理论的渊源。

## 1.2　快速的进步

### 1.2.1　卫生立法

19世纪的工业化促成了大规模的城市化。随着工业生产的集聚，大量人口和工厂也都向城市集中。一方面城市的集聚效应得到充分发挥，城市经济实力提升，城市在整个国家地位得到巩固，另一方面，过快的人口增长、工业扩张远远超出了城市承载能力，基础设施严重不足，拥挤、卫生、安全等"城市问题"愈演愈烈。

在工业革命率先开始的英国，房地产商和建筑商为了追求短期利益最大化，在每一块建筑用地上尽可能建造更多的居所，无视交通和其他基础服务。"地下室"、高度密集的、背靠背的居住环境随处可见，没有公园、广场和花园等公共空间，河流也被用作敞开的下水道。拥挤的生活环境，加上高强度的生产压力、污染、生活保障缺乏等多方面的因素，在工业城市中，人的预期寿命要远远低于农村地区。

19世纪三四十年代流行性传染病多次大规模爆发，霍乱蔓延于欧洲大陆，直接影响了生产和社会的正常运行甚至威胁到整个经济制度的稳定。1849年流行世界的鼠疫曾涉及六十多个国家与地区（包括亚洲的印度、中国香港等）。作为最早的工业化国家，英国的情况毫无疑问是最严重的。

1855年英国实施了《消除污害法》（Nuisance Remover Acts），1866年实施《环境卫生法》与Torrens Act，1875年实施的Cross Acts批准许地方政府制定改善贫民区的计划。英国还于1875年制定了世界上第一部《公共卫生法》（Public Health Act），强制性规定了城市里卫生设施和住宅的最低建设水准。在随后的50年里英国的城市规划一直是由卫生部门负责，后改为健康部负责。为了改善工人的生活与工作环境，欧文等人倡议通过规划来兴建工人住宅，这又促使英国在1890年颁布了《工人阶级住宅法》（The House of The Working Class Acts）。

严峻的公共卫生局面，促使欧洲各国开始关注城市环境整治和基础卫生设施建设。为了保证社会的稳定持续发展，同时能够维护已经建立的社会经济制度包括生产制度的稳定运行，整个社会都在寻找一系列的管理措施和手段来解决城市问题。而这种社会需求促生了现代城市规划，以及与此相关的思想、政治、技术等方面内容。

### 1.2.2　线形城市

随着铁路交通大规模发展的时期，铁路线把遥远的城市连接了起来。西班牙工程师索里亚·玛塔（Soria Y Mata）质疑传统的从核心向外扩展的城市形态，1882年首先提出线形城市，即沿交通运输线布置的长条形的建筑地带，由一条铁路和道路干道相串联城市带，与自然保持亲密接触又不受其规模影响。城市中各种空间要素紧紧靠着一条高速度、高运量的交通轴线聚集并无限向两端延展，城市发展结构对称并留有发展余地，城市中的人从一个地点到其他任何地点时耗最短。1984年，在马德里市郊建设了第一个线形城市，以50km长的环形铁路为主轴线，两侧的居住街坊布置四周环绕绿地的独立式住宅。线形城市对以后西方的城市分散主义思想有一定影响。20世纪三四十年代中，苏联进行了比较系统的全面研究，在斯大林格勒和马格尼托哥尔斯两座城市中，采用了多条平行功能来组织城市。"二战"后哥本哈根（1948）、华盛顿（1961）、大巴黎地区（1965）、斯德哥尔摩（1966）中都体现出了线形城市的片段。

### 1.2.3　艺术化设计的城市

19世纪末人们意识到工业化对城市、对人类生活所带来的深刻变化。生活空间由于决策者的无能所遭到的破坏以及工业社会中的许多不公正现象又让人怀念起"过去的好时光"来。浪漫思潮的代表人物维也纳城市规划师卡米洛·西谛在1889年出版的《艺术原则下的城市设计》一书中他提出了回归中世纪城市设计手法的建议。

他主张通过研究过去、古代的作品以寻求"美"的因素，来弥补当今艺术传统方面的损失。他认真总结了中世纪城市空间艺术的有机和谐特点，努力探索城市建设的内在规律，强调城市空间和自然的协调，创造城市空间艺术中强调了三点：（1）自由灵活的设计；（2）建筑与建筑之间的相互协调；（3）广场和街道应组成有机的围合空间。西谛强调人的尺度、环境的尺度与人的活动以及他们的感受之间的协调，从而建立起丰富多彩的城市空间并实现与人的活动空间的有机互动。西谛强调与"环境合作"，强调向自然学习，强调空间之间的视觉关系，强调多姿多彩的透视感。在当时西方城市规划界普遍强调机械理性而全面否定中世纪城市艺术成就的主体社会思潮中，西谛用大量的实例证明、肯定了中世纪城市在空间组织上的人文与艺术杰出成就，并认为当时的建设"是自然而然、一点一点生长起来的"，而不是在图板上设计完了之后再到现实中去实施的，因此这样的城市空间更能符合人的视觉与生理感受。西谛的贡献在于把所谓的"第三维"又引进到了城市设计领域里，即城市空间体量的造型。西谛关于城市形态的研究，为近现代城市设计思想的发展奠定了重要的基础。

### 1.2.4  有机疏散

伊利尔·沙里宁于1942年在《城市：它的发展、衰败与未来》一书中提出著名的"有机疏散论"，他指出：城市与自然界的所有生物一样，都是有机的集合体。有机秩序的原则是大自然的基本规律，也应当作为人类建筑的基本原则。"任何活的有机体，只有当它是按照大自然建筑的基本原则而形成大自然的艺术成果时，才会保持健康，基于完全相同的理由，集镇或城市只有当它是按照人类建筑的基本原则，发展成为人类艺术的成果时，才会在物质上、精神上和文化上，臻于健康。"

他全面考察了中世纪欧洲城市在工业革命后大量的城市建设状况，分析了有机城市的形成条件。总结出城市呈现出衰退的趋势的原因是城市的演化走向了无序和城市的发展走向了急功近利。

他主张根据城市的功能和多种条件，把城市有机地分解和组合成城市的各个区域，各区由大小不同的建筑群体组成；城市建设应是动态的，因而城市布局要有足够的"灵活性"，以适应有机体的生长。

他认为，解决城市的危机可以从树木的生长机理找到办法。生长的灵活性可以防止出现相互干扰的拥挤状态，充分的空间又能使各个细部和整体在生长中都得到保护。把"灵活"和"保护"的概念引入了城市建设，提出治理现代城市的衰败、促进其发展的根本对策就是要进行全面的改建。对于畸形发展的城市，也必须在组织工作中运用灵活、保护的措施使任何未来的发展能够符合这些原则，为了达到这个目的，就得预先制定一项精心研究的、全盘考虑的和逐步实施的"外科手术"方案。

他认为，对密集城市实行有机疏散是指"对日常活动进行功能性的集中"和"对这些集中点进行有机的分散"。前一种方法能给城市的各个部分带来适于生活与安静居住的条件，后一种方法能给整个城市带来功能秩序与工作效率。

他认为，城市发展是一个长期的缓慢的过程，应当提倡把内容广泛的规划目标分解为许多细小的部分，使城市建设变成一个"有计划的、沿着预定方向走向明确目标的、一系列逐步进行"的演变过程。对于规划目标的设想，也应该从"最终目标"为起点逐步分解成若干个层次或阶段，使之与实际情况相接近，这是一个与实施过程方向相反的思考过程。伊利尔·沙里宁把这一"双向思考过程"称为"动态设计"。

1918年沙里宁按照有机疏散的原则制定了大赫尔辛基规划，主张在赫尔辛基附近建久一些半独立的城镇，以控制城市的进一步扩张。有机疏散思想对以后特别是"二战"后欧美各国改善大城市功能与空间结构问题，尤其是通过卫星城市建设来疏散、重组特大城市的功能与空间，起到了重要的指导作用。

### 1.2.5 邻里单位

20世纪初，在"田园城市"理论的影响下，美国进行"郊区花园城市"建设，在实践中创作更宜居的生活社区文体引起了规划学者的关注，并于1923年成立了美国地区协会，对美国当时的社区实际情况进行了调查，产生了许多理论。美国建筑师佩里（C. A. Perry）认识到居住地域作为一种"场所空间"具有内在社会文化含义，1929年在区域规划报告中提出"邻里单元"理论。佩里将邻里单位作为构成居住区乃至整个城市的细胞，以一个不被城市道路分割的小学服务范围作为邻里单位的基本空间尺度，住区内配置足够的生活服务设施，以丰富居民的公共生活，促进社会交往，密切邻里关系。邻里单位有明确的边界，通过步行网络系统将住宅与小学、休闲设施和少量的社区商业等相互联系，并形成一个开放空间体系。讲求空间宜人景观的营造，强调内聚的居住情感，强调作为居住社区的整体文化认同和归属感。新泽西州的雷德邦就是在邻里单元理念指导下结合汽车交通的发展规划设计完成的，提出了"大街坊"的概念，建立了由人行与汽车交通完全分离和尽端路组成的道理体系。邻里单位思想在第二次世界大战后的新城建设中得到广泛应用。

## 1.3 完整的体系

### 1.3.1 田园城市

霍华德（Ebenezer Howard）于1898年出版了以《明天：走向真正改革的平和之路》(To-morrow：A Peaceful Path to Real Reform) 为题的论著，针对当时的城市尤其是像伦敦这样的大城市所面对的拥挤、卫生等方面的问题提出了田园城市的理论。

田园城市是一个兼有城市和乡村优点的理想城市"为健康、生活以及产业而设计的城市，它的规模足以提供丰富的社会生活，但不应超过这一程度；四周要有永久性农业地带围绕，城市的土地归公众所有，由一委员会受托管理"。

田园城市思想是基于对城乡优缺点的分析以及在此基础上进行的城乡之间"有意义的组合"。霍华德提出了用城乡一体的新社会结构形态来取代城乡分离的旧社会结构形态。他认为，城市和乡村生活各有其优缺点，综合起城市和乡村的优点，避免各自的不足，这就形成了超越于现有城市和乡村生活的新的人口聚居地。"城市磁铁和乡村磁铁都不能全面反映大自然的用心和意图。人类社会和自然美景本应兼而有之。两块磁铁必

须合二为一。"城市四周为农业用地围绕，城市居民可以经常就近得到新鲜农产品的供
应，农产品有最近的市场可服务于更大区域。在田园城市的边缘地区设有工厂企业。每
个城市的人口规模限制在3.2万人，超过则另建新城，因此每户居民都能极为方便地接
近乡村自然空间。霍华德还为实现田园城市理想的时间活动进行了细致的考虑和安排，
对资金的来源、土地的分配、城市财政的收支、田园城市的经营管理都提出了具体的
建议。

为了具体阐述"田园城市"的规划理论，霍华德作了田园城市的规划示意方案。这
个示意方案分为两个层面：单个田园城市的结构和田园城市的群体组合。单个田园城市
的结构：城市规划与城市发展城市人口规模为32000人，占地400hm²，外围有2000hm²
农业生产用地作为永久性绿地。城市由一系列同心圆组成，6条各36m宽的大道从圆心
放射出去，把城市分为6个相等的部分。如果城市平面是圆形，那么，中心至周边的半
径长度为1140m。城市用地的构成是以2.2hm²的花园为中心，围绕花园四周布置大型公
共建筑，如市政厅、音乐厅、剧院、图书馆、展览馆、画廊和医院。其外围环绕一周
的是占地58hm²的公园，公园外侧是向公园开放的玻璃拱廊水晶宫，作为商业、展览用
房。住宅区位于城市的中间地带，130m宽的环状大道从其间通过，其中宽阔的绿化地
带布置6块1.6hm²的学校用地，其他作为儿童游戏和教堂用地，城市外环布置工厂、仓
库、市场、煤场、木材场等工业用地，城市外围为环绕城市的铁路支线和2000hm²永久
农业用地——农田、菜园、牧场和森林。

田园城市实质上就是城市和乡村的结合体，并形成一个"无贫民窟无烟尘的城市
群"。城市群的地理分布以"行星体系"为特征，即在建设好一个32000人口规模的田
园城市后，继续建设同样规模的城市，并把六个城市围绕着一个55000人口规模的中心
城市，形成人口规模约25万人的城市联盟。各城市及中心城市之间以快速交通和瞬间
即达的通信手段相连接，政治上联盟，文化上密切相连，经济上相对独立，这样就能够
享受到一个25万人口规模的城市所拥有的一切设施与便利，而没有当时大城市的种种
弊端。这种城市联盟的结构，通过控制单个城市的规模，把城市与乡村两种几乎是对
立的要素统一成一个相互渗透的区域综合体，它是多中心的，但又是作为一个整体在
运行。

受到了当时英国社会改革思潮的影响，霍华德对种种社会问题如土地所有制、税
收、城市贫困、城市膨胀、生活环境恶化等，都进行了深入的调查与思考。并成为其
"社会（田园）城市"中所关注和试图解决的核心。实际上。霍华德自始至终所倡导的
都是一种全面社会改革的思想。他更愿意使用"社会城市"而不是"田园城市"来表达
他的思想，并以此展开他对"社会城市"在性质定位、社会构成、空间形态、运作机
制、管理模式等方面的全面探索。

他于1899年组织了田园城市协会，宣传田园城市的主张。1903年组织了"田园
城市有限公司"，筹措资金，在距伦敦东北56km的地方购置土地，建立第一座田园城
市——莱契沃斯（Letchworth）。该城市距伦敦55km，农业用地和城市用地共1840hm²，
规划人口35000人，在霍华德的指导下由建筑师昂温（R.Unwin）和帕克（B.Parker）

完成。设计较好地适应了当地的地形条件，一些要素也基本上是按照霍华德提出的原型进行布置和安排的，但在城市形态上与霍华德提出的田园城市的原型有着较大的区别。

霍华德的"田园城市"对近现代城市规划发展的重大贡献在于揭示了现代意义上"规划"的含义，摆脱了传统规划主要用来显示统治者权威或张扬规划师个人审美情趣的旧模式，提出了关心人民利益的宗旨，这是城市规划思想立足点的根本转移：融合城乡结合为一个体系来解决工业社会中城市出现的复杂的社会与环境问题，以改良社会为城市规划的目标导向，将物质规划与社会规划紧密地结合在一起。

### 1.3.2 光辉城市

19世纪下半叶和20世纪最初的20年中占据主流思想的是希望通过新建城市来解决过去大城市中所出现的种种问题，而随着现代艺术运动催生了现代主义、现代建筑运动与现代城市规划的产生，柯布西耶的现代城市设想也逐步受到关注。与霍华德以社会改革方向来推进田园城市建设不同，柯布西耶主要从大城市本身的内部改造，建筑物等物质要素的重新布局来构想城市的未来发展。

柯布西耶1922年出版了《明日城市》一书，并于当年巴黎秋季美术展上并提交了一个纯粹的集合秩序和功能理性的城市规划方案表达他对现代建筑与城市规划的崭新思想。1925年，勒·柯布西耶发表了他的一项巴黎市中心区改建规划方案，即著名的"伏瓦生规划"（PlanVoisin）。建议拆除那些在他看来已经没有多大价值的建筑，腾出空地来建设塔式高层办公楼（高达200m，主要用来布置行政机构和商务办公设施等）和层数较低的其他摩天大楼，只有最珍贵的历史性建筑才需要保留下来，并分布在其中一个规模很大的公园的树林之中。根据规划，中心区的地面完全开敞，可自由布置高速道路、咖啡馆、商店等，中心区的人口密度可以从原来的每公顷800人增加到3500人。

1931年，勒·柯布西耶发表了他的"光辉城市"（The Radiant City）的规划方案。这一方案是他以前城市规划方案的进一步深化，同时也是他的现代城市规划和建设思想的集中体现。

他认为，城市是必须集中的，只有集中的城市才有生命力。传统的城市由于规模的增长和中心拥挤程度的加剧，已出现功能性的老朽，由于拥挤而带来的城市问题是完全可以通过技术手段进行改造而得到解决的。

这种技术手段就是采用大量的高层建筑来提高密度和建立一个高效率的城市交通系统。高层建筑是勒·柯布西耶心目中象征大规模生产的工业社会的图腾，在技术上也是"人口集中、避免用地日益紧张、提高城市内部效率的一种极好手段"，同时也可以保证有充足的阳光、空间和绿化，因此在高层建筑之间保持有较大比例的空旷地。他的理想是在机械化的时代里，所有的城市应当是"垂直的花园城市"，而不是水平向的每家每户拥有花园的田园城市。

高密度发展的城市，必然需要一个新型的、高效率的、立体化的城市交通系统来支持。这种系统由地铁和人车完全分离的高架道路组成。建筑物的地面全部架空，城市的全部地面均可由行人支配，屋顶设花园，地下通地铁，距地面5m高处设汽车运输干道和停车场网。整个城市的平面布局是严格的几何形构图，矩形的和对角线的道路交织在一起。

集中主义的城市并不是要求处处高度集聚发展，而是主张应该通过用地分区来调整城市内部的密度分布，使人流、车流合理地分布于整个城市。

柯布西耶是现代建筑运动与城市规划的激进分子与主将，是现代城市运动的狂飙式人物，对于西方建筑与城市规划中"机械美学"思想体系和"功能主义"思想体系的形成、发展具有决定性的作用。他一反自空想社会主义者与霍华德以来有关通过分散主义手法来解决"城市病"的主导思想，他承认和面对大城市问题的现实，认为集聚是城市的本质与核心优势所在，主张用现代化技术以全新的规划和建筑方式来改造城市。他的设想常被统称为"集中主义城市"。

1950年印度总理委托柯布西耶设计昌迪加尔城市和政府建筑。昌迪加尔城市规划成为现代城市规划史上"功能主义"、"象征主义"、"形式理性主义"的代表。依照《雅典宪章》，城市里功能分区明确，道路等级清晰，各个区域与街道以数字与字母命名。为了展示理性、庄严与构图的需要，设计大量运用超人的尺度，庞大的城市空间与宽敞的街道，而忽视了人们的现实生活需求，无视具体地点、具体环境、具体人文背景等问题。

1956年巴西新首都巴西利亚的规划设计，深受柯布西耶思想的影响，追求理性、高效、秩序等象征意义；注重功能分区和机动车的交通组织；采用高密度、立体比的居住模式；把地面让出来作为交通及开放空间；柯布西耶所欣赏的宏伟尺度和纪念性在此也得到了明确的反映。巴西利亚与昌迪加尔一样，规划过分追求平面上超凡的形式，而对经济、文化、社会和传统却较少考虑，令人感觉空洞，缺乏渊源与生气。

勒·柯布西耶作为现代城市规划原则的倡导者和执行这些原则的中坚力量，他的上述设想充分体现了他对现代城市规划的一些基本问题的探讨，通过这些探讨，逐步形成了理性功能主义的城市规划思想，这些思想集中体现在由他主持撰写的《雅典宪章》（1933年）之中。他的这些城市规划思想，深刻地影响了二次世界大战后全世界的城市规划和城市建设。

### 1.4 《雅典宪章》的诞生

1933年8月，国际现代建筑协会（CIAM）第4次会议在雅典召开，主题是"功能城市"。会议对34个欧洲城市进行了比较，并依据理性主义的思想方法，对普遍存在城市问题进行了全面分析，提出了城市规划应当处理好居住、工作、游憩和交通的功能关系及具体的方法。会议通过了关于城市规划理论和方法的纲领性文件《雅典宪章》。现代建筑运动后期对现代城市规划发展的影响，宪章集中体现了后来被称为"功能主义"、"理性主义"或"功能理性主义"的城市规划的思想体系和基本内容。

城市活动可以划分为居住、工作、游憩和交通四大活动，并提出这是城市规划研究和分析的"最基本分类"，并对它们在城市规划中的价值作了进一步的阐述："城市规划的四个主要功能要求各自都有其最适宜发展的条件，以便给生活、工作和文化分类和秩序化。每一主要功能都有其独立性，都被视为可以分配土地和建造的整体，并且所有现代技术的巨大资源都被用于安排和配备它们。"

城市规划的基本任务就是制订规划方案，而这些规划方案的内容都是关于各功能分区的"平衡状态"和建立"最合适的关系"，它鼓励的是对城市发展终极状态下各类用地关系的描述，并且"必须制定必要的法律以保证其实现"。

城市与周围区域之间是有机联系的，城市与周围区域之间不能割裂（此时西方的区域规划已进入了繁荣时期），同时也提出了保存具有历史意义的建筑和地区是一个非常重要的问题。

《雅典宪章》在思想上认识到城市中广大人民的利益是城市规划的基础，内容上从分析城市整体活动入手提出了功能分区的思想和具体做法，并要求以人的尺度和需要来估量功能分区的划分和布置，为现代城市规划的发展指明了以人为本的方向，建立了现代城市规划的基本内涵。

以物质空间决定论为思想基础，遵循理性主义，通过对物质空间变量的控制来解决城市中的社会、经济、政治问题，注重工具理性即规划成果的完美合理，必须制定必要的法律以保证其实现。

这个宪章强调了经济原则、功能原则对于城市规划的极度重要性，提出了大批量生产、机械化建造的方法。宪章虽然明确提出了建筑与城市规划要为时代、为社会总体、为人民服务，但也明确地认为公众见识短浅，表露出明显的精英主义思想。

《雅典宪章》所提出的功能分区，对于19世纪快速工业化发展过程中不断扩张发展的大中城市，工业和居住混杂，工业污染严重，土地过度使用，设施不配套，缺乏空旷地，交通拥挤，由此产生的严重卫生问题、交通问题和居住环境等问题，确实可以起到缓解和改善这些问题的作用。它依据城市活动对城市土地使用进行划分，对传统的城市规划思想和方法进行了重大的改革，突破了传统城市规划只关注城市的建筑形式、追求图面效果和雄伟气派的空间形式的创造，引导城市规划向科学的方向发展。

1970年代以后，大部分对《雅典宪章》的批评集中在其过于机械地割裂了城市的功能性，过于重视城市的极终形态而轻视建设过程，过于强调了物质空间对人类生活行为的影响。

在第二次世界大战结束后，经济遭受重创，百废待兴，各国开始大规模重建。随着经济的恢复与快速增长，大城市急剧膨胀，各种城市病也相继出现。战后的人口激增，住房成为首要解决的问题。由于建设成本低、改造容易、经济利益高，在郊区和农村用地建设新城成为战后恢复的主要活动。这时社会主流价值观是：认为社会是可以控制而且必须被纳入一种规范、制衡的轨道，"功能"、"实用"、"效率"已经成为时代主题词。政府的干预力度加大，城市规划脱离了古典自由主义的规划理论，发生巨大变革。理想主义、理性主义、实用主义三大认识论成为支配西方城市规划思想发展的整体脉络的理论。

## 第二章　第二次革命：谋求公共利益

第二次世界大战后的城市重建和城市快速发展阶段的城市问题逐渐暴露。而20世纪60年代后期的学生运动、城市革命推动的社会思潮和学术思潮的整体性变革，促进了社会各个方面对现代主义进程的全面反思。1970年代开始，以福柯（M. Foucault）为代表的西方哲学界首先揭开了后现代主义的序幕。城市规划理论的研究中心从宏观转移到对个人和小团体的微观研究，从形式转移到过程上。从城市中人的活动和活动的需要出发，探讨城市空间的形成和组织。其中，行为主义理论用"场所"这个概念代替了传统的"空间"概念，其含义包含空间、时间、交往活动、行为意义等综合内容。对场所理论产生过较大影响的有亚历山大（Alexander）的《城市并非树形》、简·雅各布斯（J. Jacobs）的《美国大城市的死与生》（The Death and Life of Great American Cities）、凯文·林奇（Lynch）的《城市意象》等。

### 2.1　美好的萌芽

1961年雅各布斯出版了《美国大城市的死与生》，运用社会使用方法对城市空间中的人类行为的观察和研究，提出城市空间和城市形态应当与城市生活相一致，与这些空间的使用者的意愿和日常生活轨迹相一致，城市规划应当以增进城市生活的活力为目的。她把城市中大面积绿地与犯罪率的上升联系到一起，把现代主义和现代城市的大尺度指责为对城市传统文化的多样性的破坏。她批判大规模的城市更新是国家投入大量资金让政客和房地产商获利，让建筑师得意，而平民百姓成了牺牲品。在市中心的贫民窟被推平时，大量的城市无产者被驱赶到郊区，在那里形成新的贫民窟。同时书中阐述了城市空间组织的要素、内容和方法，也提出了改进城市规划思想方法的建议。

雅各布斯认为，街道和广场是真正的城市骨架形成的最基本要素，而不是现代建筑运动和理性功能主义城市规划所认为的是建筑和公路。因此，城市街道和广场就决定了城市的基本面貌。"如果城市的街道看上去是有趣的，那么，城市看上去也是有趣的；如果街道看上去是乏味的，那么城市看上去也是乏味的"。而街道要有趣，就是要有生命力。此外，在拥挤和高密度之间有着微妙而有趣的不同。因为，如果在一个给定的地区包括了足够的建筑物，有恰当的种类，那么在人们并不感到过分拥挤的情况下，可以达到非常高的密度。她认为城市的生命力始于每英亩100户住户，这个密度可以允许住房形式的多样化。在街道之间。将近60% ~ 70%的土地为建筑物覆盖，而余下的土地则被用作小庭院。这些土地的使用率确实非常高，但有一定的优势，它们迫使人们走出他们的住房并来到街道上，同时也保证了庭院和后院被看作私人空间。

雅各布斯是位嫁给了建筑师的新闻记着，没有人将她冠以后现代主义规划理论家的称号，她甚至不是一个规划界中人，但她对城市规划的发展起到了里程碑式的作用。她所强调的城市的复杂性、多样性、历史延续性直至今日仍然对规划师有重大意义，特别对于今天一些城市"建设性破坏"，继续实行"现代城市等于功能主义规划加上现代建筑"的建设模式，盲目地"做大做美城市"等问题提供了极其重要的借鉴。

## 2.2 快速的进步

20世纪60年代之后，随着西方社会民权运动的高涨，不同价值观的合理性与平等地位成为社会公开讨论的一个议题，多元化理论逐渐占据了西方社会的主流思想。多元主义者认为，社会的终极价值不是单向度的，不同的价值目标不可避免地会发生冲突，这时候思想体系应该保持价值中立，平等地对待生活观念，"没有一种价值应当单单在所有的情境中，压倒与之相冲突的其他信念"。多元化理论有三个主要来源：一是哈马斯的宪政民主思想；二是泰勒的"政治承认"；三是结构主义理论。前两者都是从民主与公正的角度出发，提出要平等对待不同的社会群体，尤其是要为社会弱势群体提供介入公共讨论并阐述自己需求的渠道。而解构主义则为多元文化提供了文化批评的工具，它对话语霸权与正统理论进行了挑战，从而成为了多元文化主义重要的理论武器。可以说，多元化理论既反映了社会对民主、人权的追求，同时也反映了政府对以往管理失灵的一种反思；反映了一种将社会底层的自下而上的利益诉求与自上而下的政府管理结合起来的美好愿望。

由于多元化理论首先关注的是城市中的社会生态，因此城市理所当然地成为多元化理论关注和批评的对象。城市理论与实践长期以来存在的技术专家一元主义价值观，对不同社会主体价值观差异的忽略，以及对日常生活秩序的轻视，都成为了多元化理论批判的首要对象。

### 2.2.1 公共利益

公共利益（The public interest）一词源于古希腊。古希腊时期特殊的城邦制度造就了一种"整体国家观"，与整体国家观相联系的是具有整体性和一致性的公共利益，公共利益被视为一个社会存在所必须的一元的、抽象的价值，是全体社会成员的共同目标。1968年，美国学者G.哈丁（Garrett Hardin）在其著名的论文《公地的悲剧》中提出了"公地悲剧"的概念，他得出一个重要的结论：人性都有向外拓张的欲望，无人保护的公共利益最先受到侵害。19世纪末期，西方社会进入资本主义垄断时期，古典自由主义收到了现实挑战，其所坚持的"财产绝对原则"已不适应社会的发展，无法应对出现的经济危机等关乎公共利益的问题，由此，团体主义思潮兴起，"逐渐产生了财产权社会化思想，这种社会化思想认为，财产权人行使权力时，不应只为自身利益着想，还应当顾忌社会公共利益，促进社会整体的进步。"

### 2.2.2 "城市复兴"（Urban Regeneration）理论

1998年，在布莱尔领导的英国工党赢得历史性的大选胜利后不久，当时的英国副首相兼环境大臣约翰·普雷斯科特（John Prescott）邀请，著名建筑师理查德·罗杰斯勋爵（Richard Rogers）领衔组成"城市工作专题组"（Urban Task Force），以研究日益严重的城市问题，并且唤起全社会对优秀设计、经济增长、良好的行政管理和社会责任心的重视。1999年，"城市工作专题组"完成了《迈向城市的文艺复兴》（Towards an

Urban Renaissance）这一研究报告，它也被称为"城市黄皮书"。这份报告中，将城市复兴的意义首次提高到一个与文艺复兴（Renaissance）相同的历史高度。这份报告不仅汇集并研究了专家学者和英国各地的建议与实际情况，同时参考了德国、荷兰、西班牙、美国以及其他国家的经验。这份报告在可持续发展、城市复兴、城市交通、城市管理、城市规划和经济运作方面提出了超过100项的建议。

### 2.2.3　美国城市社区改良运动

19世纪末20世纪初，大量移民聚居美国，造成了城市平民区问题，为了解决这一城市问题，简·亚当斯率先发起社区改良运动，对城市贫困移民开展救助活动，并通过对贫民区的深入调查推动政府采取措施，以拉近不同种族和阶级之间的距离，实现社会的整体进步。

各路社会活动家和宗教界人士纷纷行动起来，组建各种慈善团体和援助机构，对贫民区居民展开救助活动。在形形色色的救助活动中，以青年知识女性为主体的中产阶级知识分子发起的社区改良运动独树一帜，影响最大，简·亚当斯就是这一运动的领袖人物。

### 2.2.4　美国城市美化运动

19世纪末20世纪初，美国城市中逐渐兴起了一股美化城市环境的改革运动，并且获得了一个响亮的名称，即"城市美化运动"（City Beautiful Movement）。这一运动由中产阶级精英人士领导，以报社编辑、律师、企业家、景观设计师、建筑设计师、雕塑家等为主力，得到市民大众支持。

美国的城市美化运动源于城市公园运动。城市公园运动发轫于19世纪后期纽约市的中央公园的修建。1858年弗雷德里克·劳·奥姆斯特德（Frederick Law Olmsted）和卡尔弗特·奥克斯（Calvert Vaux）提出的"绿色草地"（Greensward）方案在竞标中获胜，开始了中央公园的筹建活动他认为，城市公园有益于居民的身心健康，能够提高人们的审美能力。

继中央公园之后，奥姆斯特德又相继在美国20多个城市设计了众多的公园，他还设计了许多林荫道（parkways），将这些公园与居民连接起来。公园运动迅速风靡美国，在19世纪后期，许多城市掀起了建立公园的高潮。公园运动揭开了美国人改造城市环境的序幕，它是城市美化运动的前奏，又是它的一个主要内容。后期另一个改造城市环境的运动，即城市改进运动，这个运动关注的问题主要是城市的功能问题，内容十分广泛，包括排污、供水、卫生、空气质量、街道、运动场地等等。

## 2.3　完整的体系

1960年代随着西方城市中大规模物质空间建设运动的结束，随着人们对空间内在社会、文化、精神方面要求的提高，在美国出现了现代城市设计（Urban Design）的概念。现代城市设计将城市视作一个包括时间变化在内的四维空间，强调人与空间的内在互动，强调景观设计对人们活动、心理感知的重要意义。"城市设计的出现并不是为了创造一门新的学科，而是对以前忽视空间人性关怀的一种弥补。"按照场所精神与文脉主义的主张．从人的文化心理出发，研究人在城市空间与城市环境中的经历和意义并以此作为城市设计的根本出发点，这就构成了现代城市设计思想的基本原则。

1960年凯文·林奇出版了《城市意象》，他从认知心理和环境感受出发，认为人类的行为并不是依据于物质空间环境而进行的，而是依据于他对环境的感知和评价，物的环境仅仅是人的活动的背景，而且即使在物的环境中，并不是所有的物质要素都具有同等重要的地位。在此基础上，他提出城市空间的创造和组织应该基于人对城市的整体意象而进行，而人对城市的意象是经过人的大脑的抽象与重新组织的，其所形成的是物的环境和人对其认识组合在一起的综合结果。并提出了城市规划和设计应当对城市和城市空间进行重新认识，并需要从人们怎样认识城市空间的方式入手，真正理解城市空间的组织。

他认为，意象是直接感受和以往经验的记忆两者的产物，它被转译为信息并引导人的行动。人并不是直接对物质环境作出反应，而是根据他对空间环境所产生的意象而采取行动的。因此，不同的观察者对于同一个确定的现实有着明显不同的意象，由此而导致了不同的行为。意象的要素有三方面：同一性、结构和意义。一个能够起作用的意象首先要求有一个客体的可识别性，这就意味着它可以与其他东西相区别。而同一性并不是要求与其他东西相等，而是在个性和特性上相符合，其次，意象必须包括客体与观察者之间和与其他客体之间具有空间或模式关系。最后，这一客体对于观察者必须具有某种意义，这种意义可以是实际上的也可以是感情上的。林奇通过广泛的调查，在运用认知心理学方法的基础上，提出了城市意象的五项基本要素，即路径、边缘、地区、节点和地标。这五项要素可以帮助我们构建起对城市空间整体的认知，当这些要素相互交织、重叠，它们就提供了对城市空间的认知地图（cognitive map），或称心理地图（mental map）。认知地图是观察者在头脑中形成的城市意象的一种图面表现。行为者就是根据这样的认知地图而对城市空间进行定位，并依此而采取行动。

## 2.4 《马丘比丘宪章》的诞生

20世纪70年代后期，国际建协鉴于当时世界城市化的发展趋势和城市规划过程中出现的新情况和新内容，于1977年在秘鲁的利马召开了国际性的学术会议。与会的建筑师、规划师和政府官员代表以《雅典宪章》为出发点，总结了近半个世纪以来尤其是"二战"后的城市发展和城市规划思想、理论和方法的演变，展望了城市规划进一步发展的方向，在古文化遗址马丘比丘山上签署了《马丘比丘宪章》。

该宪章申明：《雅典宪章》仍然是这个时代的一项基本文件，它提出的一些原理今天仍然有效，但随着时代的进步，城市发展面临着新的环境，而且人类认识对城市规划也提出了新的要求，《雅典宪章》的一些指导思想已不能适应当前形势的发展变化，因此需要进行修正。

（1）从理性主义向社会文化主义思想基石的改变

《雅典宪章》思想的核心是物质空间决定论。"二战"以后，西方的城市规划基本上都是依据功能理性主义的思想而展开的，客观地讲，对于战后城市重建、新城建设、城市改造等发挥了重大的指导意义。但是，由于对纯粹功能、理性主义的强调却导致了许多社会问题的出现，特别是关于城市的活力丧失的问题、多样性缺乏问题等。

《马丘比丘宪章》宣扬社会文化论的基本思想，强调是城市中各类人群的文化、社会交往模式和政治结构对城市发展的决定性作用。还要求将城市规划的专业和技术应用到各级人类居住地域上（邻里、乡镇、城市、都市地区、区域、国家和洲）并以此来指导建设，而这些规划都"必须对人类的各种需求作出解释和反应"，并"应该按照可能的经济条件和文化意义提供与人民要求相适应的城市服务设施和城市形态"。

（2）从空间功能分割到城市系统整合思维方式的改变

1960年代后，西方国家的经济转型、社会转型都使得城市空间形态、人们的需求结构发生了根本的变化。针对《雅典宪章》功能分区割裂了城市多样性的批评，《马丘比丘宪章》提出"在今天不要把城市当作一系列的组成部分拼在一起来考虑，而必须努力去创造一个至合的、多功能的环境"——即提出了混合功能区的思想，并且强调"在1933年，主导思想是把城市和城市的建筑分成若干组成部分。在1977年，应当是把那些失掉了它们的相互依赖性和相互联系性，并已经失去其动力和含义的组成部分重新统一起来"，这标志着系统整合思维方式在城市规划领域的最终确立。

（3）从终极静态的思维观向过程循环的思维观改变

1960年代以后，系统思想和系统方法在城市规划领域中得到了广泛的运用，特别强调城市规划的过程性和动态性。《马丘比丘宪章》也受到了系统论思维的影响，要求"城市规划师和政策制定者必须把城市看作为在连续发展与变化的过程中的一个结构体系"，并进一步提出区域与城市规划是个动态过程，不仅要包括规划的制定，而且也要包括规划的实施。这一过程应当能适应城市这个有机体的物质和文化的不断变化。

（4）从精英规划观到公众规划观的改变

自1960年代中期开始，城市规划的公众参与已经成为城市规划发展的一项重要内容，同时也成为此后推进城市规划进一步发展的动力。1973年联合国世界环境会议通过的宣言就开宗明义地提出："环境是人民创造的。"这实际上为城市规划的公众参与提供了政治上的保证，城市规则过程的公众多与现在已成为许多国家城市规划立法和制度所保障的重要内容和步骤。《马丘比丘宪章》不仅承认公众参与对城市规划的重要性，更进一步地推进了这一思想的提升，实现了由传统精英规划观到公众规划观的根本转变。

《马丘比丘宪章》强调了人与人之间的相互关系对于城市和城市规划的重要性，并将理解和贯彻这一关系视为城市规划的基本任务。与《雅典宪章》认识城市的基本出发点不同，《马丘比丘宪章》强调世界是复杂的，人类一切活动都不是功能主义、理性主义所能覆盖的。

# 第三章　第三次规划革命：低碳城市与低碳规划

早在1898年，诺贝尔奖获得者阿列纽斯（Arrhenius）就指出：化石燃料的使用会增加大气中二氧化碳的浓度，导致全球气候变暖，但是直到2003年才引起广大规划师关注。虽然规划工作总是在工业技术迅猛发展的车轮面前让路，对其危害在缺乏先例的情况下也难以有一个客观清晰的认识，然而21世纪的今天，碳排放过量导致的气候变暖问题日益显著并带来了实际影响。

## 3.1　起源于环境问题

人类与城市生态学奠基人、美国学者芝加哥学派的创始人帕克（R. E. Park）于1916年和1925年分别发表了题为《城市：环境中人类行为研究的几点建议》及《城市》的论文，开创了城市生态学研究的新领域。他将生物群落的原理和观点，如竞争、共生、演替、优势度等，应用于城市研究，揭开了城市生态学研究的序幕。1936年帕克运用生命网络、自然平衡等生态学理论研究了人与环境的关系，并把其提到"居于地理学思想的核心地位"。1952年帕克出版《城市和人类生态学》一书，把城市作为一个类似植物群落的有机体，将生物群落的观点用来研究城市环境，进一步完善城市与人类生态学研究的思想体系。

Hawley于50年代发表的论文《人类生态学：社区结构理论》等都为城市生态学的发展打下坚实的理论基础图。到了60年代，意大利建筑师保罗·索列里创立"建筑生态学"（arcology），指出任何建筑或城市设计如果强烈破坏自然结构都是不明智的，应对有限的物质资源进行最充分、最适宜的设计和利用，反对高能耗建筑，提倡在建筑中充分利用可再生资源。

1962年美国学者卡森（Rachel Carson）在《寂静的春天》，1970年代罗马俱乐部的《增长的极限》（Meadows，1972）和《生命的蓝图》（Golds Toitb，1974），米都斯等著的《只有一个地球》中均揭示了城市在经济全球化、工业化迅速发展时期生态遭受破坏的状况，引起了世界范围内的广泛关注，激起了人们对城市生态学研究的兴趣。

## 3.2　积淀在生态研究

### 3.2.1　麦克哈格与《设计结合自然》

1969年，英国著名环境设计师、规划师和教育家伊恩·伦诺克斯·麦克哈格（Ian Lennox McHarg，1920—2001）出版《结合自然设计》。该书抨击了现代技术由于轻率和不假思索地应用科学知识和技术已经破坏了环境和降低了它的可居住性。生态规划是在没有任何有害或在多数无害的情况下，对土地的某种用途进行的规划。他的贡献是提出用生态学的理论解决人工环境和自然环境协调的问题，并阐述了一种"适应性分析"方法的工作原理和成功应用的案例，明确的将生态学与规划、设计联系起来，为城市生态学开辟了一条技术路线。

　　麦克哈格率先把生态学原理应用于城市及区域景观规划，创造了一种科学的生态规划方法。该方法改变了此前西方景观建筑和区域规划的思想观念，使人们用一种新的眼光来看待城市景观、乡村景观以及大尺度区域性景观的规划，把景观建筑学从狭隘领域解放出来，变成了一种多学科的、用于资源管理和土地利用规划的有力工具。其中某些原理，如保护肥沃土地，不得在侵蚀的山坡、有价值的沼泽或淹没区设建筑，不能建对含水层有污染的设施等已广为环境规划者采用。著名生态学家 E·P·奥德姆也称赞说，用麦克哈格的方法完成的规划能把土地侵蚀、灾害降到最小，能保护水源、社会价值，如果把难以定量的人类价值考虑在内，效益会更显著。他在美国做了大量的规划与研究，例如明尼阿波利斯中心区、斯塔腾岛、华盛顿特区、巴尔的摩内巷、曼哈顿以及乌德兰兹新城等规划。其理论核心在于：

　　（1）主张人与自然相结合，强调自然本身具有的内在价值。麦克哈格提出的生态学方法认为，大城市地区作为开放空间的土地应该按照土地的自然演进过程来选择，即选择本身适合于"绿"的用途的土地。麦克哈格探索创造一种既保存了自然的美，而同时人们又能居住的社区。他参与的一项费城开放空间研究具体说明了应用生态的观点选择大城市地区的开放空间的方法。

　　（2）强调自然与社会价值并重。麦克哈格通过许多美国城市规划和区域规划研究的实例，阐明综合社会、经济和物质环境诸要素的方法。1960年代后期，华盛顿特区美化研究中，他在城市内部将自然与社会价值相结合，将自然要素与人工要素统一起来。麦克哈格建立了一种新的方法：寻找城市特性的基础——从自然要素到人造要素，选择最有表现、最有价值以及对新发展具有重大影响的要素并纳入统一的价值体系。

　　（3）生态学的观点从宏观和微观方面研究自然环境。与人的关系，在研究方法上运用生物学的研究成果。麦克哈格反对形式服从功能的说法，指出城市和建筑等人造形式的评价与创造，应以"适应"为标准。人类应该把形式和生命的联系和适应统一起来考虑。通过研究其间的联系，探求环境对健康和疾病的影响，就可以使环境规划具有科学的依据，这项理论运用于费城的研究。从费城研究可以看到，采纳生态学的观点带来了全新的视角。生态学是研究有机体与环境的关系的科学，外延的生态方法将科学、人文和艺术综合成一体，把人和环境联系起来，为提高人与环境之间的适应能力指出一条道路，实现人的设计与自然相结合。

　　后期他致力于全球监测系统可行性及规划设计和盖娅假说研究，并与生态学家合作，进行用生态原理（如生态演替）管理公园和生态敏感区的研究。

　　他的贡献是将生态学原理具体应用到城市规划中，并提出相应的规划方法。《设计结合自然》一书产生了很大的影响，成为1970年代以来西方推崇的生态学方法的里程碑。他的思想广为北美和西欧规划师、景观建筑师们接受，生态规划方法已成为他们进行大尺度区域性规划的有效工具。后来直至1980年代，包括日本学者在内的大多数人所认同的生态规划仍大部分倾向于土地的生态利用规划。

### 3.2.2 西蒙斯与《景观生态学》

1960 年代，随着生态学的发展，景观生态学作为地理学与生态学的交叉领域首先出现在欧洲。景观生态学主要研究空间格局和生态过程的相互作用，80 年代后形成了欧洲学派和美国学派。欧洲学派是从地理学中发展出来的，主要的工作是应用景观生态学理论与方法进行土地评价、利用、规划、设计等，强调人是景观的重要组成部分并在景观中起主导作用。从事景观生态学研究的英国地理学家，把地理学对地理现象之间相互作用的横向研究，同生态学对生态系统机能相互作用的纵向研究结合起来，以景观为对象，通过物质流、能量流、信息流和物种流在地表的迁移和交换来研究景观的空间结构、功能和各部分之间的关系。这些研究在本质上是对历史上人与景观之关系的研究，但是理论基础、选用材料多来自生态学、地理学、考古学、地质学等，为历史学者展现了另类的史著。

伊恩·西蒙斯（Ian Simmons）是位长期从事环境史研究的英国地理学家，其著述既体现着地理学与环境史之间的密切联系，又具有自身的突出特色。从 1960 年代初到 1990 年代，西蒙斯的研究志趣先后从生态学视角下的人地关系研究转到文化视野下的生物地理学研究，并最终转向了环境史研究。

其撰写的《生态与土地利用》（1966 年）探讨了土地利用的生态意义，以及研究能量流动的重要学术价值；《资源系统》、《自然资源生态学》（1974 年）及《土地、空气和水：20 世纪末的资源与环境》都是影响很大的大学教材；《工业世界的乡村休闲》（1975 年）中对旅游活动和自然保护区的生态学探讨，成为其后续人地关系研究中的重要内容。

在《生态与土地利用》中，西蒙斯首先介绍了生态学的发展趋势，不仅要对生态系统进行整体研究，而且也应对构成要素进行研究。探讨了生态系统中的人及其土地利用的生态影响，土地利用是为了达到预期目标而对生态系统进行的管理行为。人类对自然生态环境的改变都是从围绕土地的获取及相关管理开始的。

《自然资源生态学》从生态学视角、运用生态学理论和多学科知识，对人口和自然资源的分布及其趋势进行了的详尽研究，并进一步探讨了二者间微妙的关系失衡所产生的后果。将生态学观点同经济学、行为学和伦理学整合起来，均衡和客观地描述了人们对自然资源的复杂需求。

《人类与自然：一部文化生态学》是西蒙斯在退休前对其人类生态学研究的自我总结。介绍了人地关系的基本问题和相关的研究概况，探讨了社会科学、科学技术、环境伦理、环境立法、管理框架等问题，体现了西蒙斯对人类生态学领域的新思考。

资源生态学、生物地理学两个领域在当时一个是新兴的交叉领域，一个是正处于理论混沌期的领域，教材在西蒙斯早期著作中的比例较高，学术研究始终处于相关学科前沿地位的基础。

### 3.2.3 国外其他相关研究

1969 年，D. S. Crowe 提出了景观规划概念；H. T. Odum 进一步提出生态系统模式，把生态功能与相应的用地模式联系起来，并实践于区域规划。Odum 认为城市生态系统和自然生态系统有相似的演替规律，都有发生、发展、兴盛、波动和衰亡等过程，并且认为城市演替过程是能量不断聚集的过程。

1971年联合国教科文组织（UNESCO）制订"人与生物圈"研究计划，把对人类聚居地的生态环境研究列为重点项目之一，开展了城市与人类生态研究课题，提出用人类生态学的理论和观点研究城市环境。1971年联合国MAB计划，提出了开展城市生态系统的研究，使城市生态学的理论与方法不断完善，目前已有113个国家和地区参加了该项计划，取得了丰硕的成果。1972年，联合国人类环境委员会通过了《斯德哥尔摩宣言》，提出人与生物圈、人工环境和自然环境应保持协调，要保护环境、保持生态平衡。1980年，第二届欧洲生态学术讨论会，以城市生态系统作为会议的中心议题，从理论、方法、实践、应用等方面进行探索。

1973年日本的中野尊正等编著的《城市生态学》一书，系统阐述了城市化对自然环境的影响以及城市绿化、城市环境污染及防治等。1975年国际生态学会主办的《城市生态学》季刊创刊。1977年Berry发表的《当代城市生态学》，系统阐述了城市生态学的起源、发展与理论基础，应用多变量统计分析方法研究城市化过程中的城市人口空间结构、动态变化及其形成机制，奠定了城市因子生态学的研究基础。

1997年6月25日至29日在德国莱比锡召开了国际城市生态学术讨论会，内容涉及城市生态环境的各个方面，但研究的目标都逐渐集中在城市可持续发展的生态学基础上，城市生态学和城市生态环境学已成为城市可持续发展及制定21世纪议程的科学基础。

### 3.2.4 国内相关研究

20世纪80年代是我国城市规划普及和提高的重要阶段，纠正了不要城市规划、忽略城市建设等错误，制定了一系列城市规划的方针，进行了大部分城市的总体规划编制工作。我国介入生态城市领域相对较晚。1972年我国成为MAB计划的国际协调理事会的理事国，1978年建立了中国MAB研究委员会，并在1979年成立了中国生态学会。城市生态环境问题研究正式列入我国科技长远发展计划，许多学科开始从不同领域研究城市生态环境，对城市生态学研究在理论方面进行了有益的探索。1984年在上海成功举办了首届全国生态科学研讨会，其主题是城市生态学的目的、任务和方法等，会上成立了我国第一个以城市生态为研究目的的中国生态学会城市生态学专业委员会。1986年和1997年我国分别在天津和深圳举办了全国城市生态研讨会，讨论了城市规划、城市生态系统及其影响和评价等问题。1987年10月在北京召开了"城市及城郊生态研究及其在城市规划、发展中的应用"国际学术讨论会，它标志着我国城市生态学研究已进入蓬勃发展时期。

60年代初，马世骏最早在中国科学院倡导了计算机技术及系统论在生物学领域的应用。70年代后期，他把研究领域扩大到环境科学和系统生态学，重点探讨了生态系统理论在环境保护和工农业建设中的应用，提出物理、化学技术与生物降解相结合的污染综合治理战略及环境、经济协调发展的原则，还在昆虫进化生态学研究中深入阐明了生物环境系统内相生相勉的原理。80年代，他把生态学研究的重心从纯自然生态系统扩展到以人为中心的人工生态系统。1984，马世骏和王如松在《社会—经济—自然复合生态系统》明确指出城市是典型的社会—经济—自然复合生态系统，分析了该复合系统的生态特征，提出了衡量该复合系统的三个指标：(1) 自然系统的合理性；(2) 经济系统的利润；(3) 社会系统的效益。指出复合生态系统的研究是一个多目标决策过程，应在经济生态学原则的指导下拟定具体的社会目标，经济目标和生态目标，使系统的综合效益最高，风险最小，存活机会最大。文中还提出了一些复合生态系统的研究方向和具体决策步骤。最后给出了三个复合系统的事例。马世骏将经济学原理和方法引入生态系统管理中，建立了经济生态学；他还把系统工程原理与生态学、工程学相结合，开创了生态工程研究；他主张变消极的环境保护为积极的生态调控，从物质能量流动的机理和资源开发利用的深度和广度出发，提出"整体、协调、循环、再生"的战略方针，发展了城市生态学；他建议将生态工艺的设计与改造、生态体制的规划与协调、生态意识的普及与提高作为社会、自然同步发展的几项根本措施，提出了在全国范围内开展城乡生态建设，实现经济效益和生态效益统一的建议。90年代初，他负责主编的《现代生态学透视》一书，系统地总结了生态学的最新进展，较全面地介绍了生态学各领域的研究内容及其前沿，展望了90年代乃至21世纪生态学及各个分支学科的发展趋势，在中国首次完整地概括了生态学研究的全貌。马世骏认为生态学的基本原则已经被看成是经济持续发展的理论基础。因此，基于生态学原则的生态城市理论从其诞生之时，就得到广泛重视，被认为是能够实现持续发展的未来城市范式。进入1990年代，国际上生态城市的理论和实践十分丰富。在马世骏先生的倡导下，国内也进行了大量生态城镇、生态村的建设和研究，这些都极大地推动了国内生态城市理论的发展。他的经济生态学、复合生态系统等理论，也在这些研究中得到了验证、丰富和发展，并产生了显著的经济效益和社会效益。生态工程理论，获得了国内外专家的高度评价，尤其是农业生态工程的许多典型，为在我国推广生态农业，实现农业的持久良性循环奠定了基础。

1988年，王如松在其博士论文《高效、和谐——城市生态调控原则与方法》中，提出创造和谐高效的生态城的生态调控原理，以及生产工艺设计与改造、生态关系的规划与协调、生态意识的普及与提高的生态调控方法，并强调生态规划应是城乡生态评价、生态规划和生态建设三大组成部分。

冯向东探讨了城市规划中的生态学观点和城市生态规划问题，认为城市生态规划是在国土整治、区域规划指导下，按城市总体规划要求，对生态要素的综合整治目标、程序、内容、方法、成果、实施对策全过程进行的人工生态综合体的规划。

1989年我国地理学界与生态学界从景观生态的角度创立了中国景观生态研究会，提出城市的发展对自然景观的"适应性"应成为规划设计标准的思想，在此基础上建立土地利用与城市空间发展的系统方法，形成具有里程碑意义的"生态规划思想"。

城市规划师黄光宇在"四川万源官渡山区集镇综合示范试点规划与设计"课题中，开始运用生态学的原理与方法，探讨生态退化、被废弃的破碎荒坡地的规划与建设，通过农民自建公助和自建自助的方式开展贫困山区小集镇规划建设，从城镇选址、规划、设计到建筑施工、管理，从节地、节能、环境保护到建材开发、墙体改革和技术下乡、人才培训等各个环节始终贯穿生态化的宗旨。1992-1998年在广西富川县城、重庆石柱县城等城市总体规划以及重庆江北城、广州科学城等详细规划中，他采用生态因子分析方法确定城市土地利用方式和发展格局，从根本上提高了规划的科学性。1997年在《生态城市概念及其规划设计方法研究》从复合生态系统理论角度界定了生态城市的概念，并从社会，经济和自然三个系统协调发展角度，提出了生态城市的创建标准，从总体规划，功能区规划，建筑空间环境设计三个层面探讨了生态城市的规划设计对策，提出了生态导向的整体规划设计方法，以期推动生态城市建设的开展。1998年《乐山绿心环形生态城市模式城市发展研究》叙述了乐山市独特的城市规划模式，它以生态学理论为指导，结合乐山市自然、生态环境条件，在城市发展范围的中心地带开辟8.7km²的城市绿心，以保持自然生态环境，并以整体复合协调的观点，进行了多层次的城镇空间结构体系的规划。在对生态城市进行了较系统的研究后，黄光宇在1999年发表的《论城市生态化与生态城市》从人类文明发展史角度提出了生态化发展模式，论述了城市生态化及其发展对策，在此基础上对生态城市的内涵进行了探讨，提出了建设生态城市实施步骤的设想，以期推动我国城市生态化和生态城市建设工作的开展。黄光宇先生认为："生态城市与自然保护主义的'绿色城市'是不同的，它并不是简单地增加绿色空间，单纯追求优美的自然环境，而是以人与自然相和谐，社会、经济、自然持续发展为价值取向。"同时，他认为：生态城市是根据生态学原理，综合研究社会—经济—自然的复合生态系统，并应用生态工程、社会工程、系统工程等现代科学与技术手段来建设的社会、经济、自然可持续发展，居民满意，经济高效，生态良性循环的人类住区。这些认识的形成，促进了生态学与城市规划学科的有机衔接。在随后的十多年中，他在主持完成"生态城市新概念及其设计方法"、"生态城市设计技术系统"等多项国家自然科学基金和省部级课题的基础上，系统研究了生态城市建设的理论和规划设计方法，提出了创建生态城市的十条评判标准。针对我国快速城镇化进程中出现的城市无序扩张及土地资源浪费、失控等问题，提出了城市非建设用地的规划控制与管理的创新探索，并在重庆、成都、广州、无锡、常州等城市规划中加以应用，对城乡土地集约利用与城市空间的合理拓展具有积极意义，取得了显著的经济效益和环境效益。黄光宇先生认为，城市生态规划已不同于传统的城市环境规划，它是将生态学思想和原理渗透于城市规划的每一个层面和每一项规划工作中。目前，在城市生态规划方面已初步建构了城乡空间规划理论的目标导向、规划要素、规划内容、方法论、编制程序等理论框架。

20世纪90年代，在经济高速发展的同时，我国城镇化的速度也在逐步加快，城市规模迅速膨胀，城市的经济、社会和空间结构正在发生着深刻的变化。摩天楼到处改变着城市的面貌，同时城市不断扩展、蔓延，山体被侵蚀，河流被污染，沙尘暴虐，环境恶化，交通堵塞和空气污染屡见不鲜。诸般城市问题困扰着我们，旧的城市模式已经越来越不适应时代发展的需要。为了寻找出路，钱学森先生提出了建设山水城市的设想。"山水城市"这一概念，最早是由钱学森先生在1990年7月31日给清华大学吴良镛教授的信中提出的。论述了山水城市理念在现代城市建设中的意义及如何融合中国古典园林艺术构建21世纪有中国特色的城市模式。"山水城市"即融合中国古代山水诗词、中国山水画和古典园林的一种城市形态模式。他认为园林只是山水中的一部分，山水含有更高的境界，那就是历代中国山水诗人和山水画家的精湛艺术所凝练成的人与自然统一的、天人合一的境界。1998年5月5日致信顾孟潮、鲍世行——山水城市，是提倡人工环境与自然环境的协调发展。城市内由人工建造的房屋、道路、广场各种构筑物、园林等完全是人工环境。所以城市环境主要是实现自然美与人工美的结合。钱学森先生把人工和自然结合而形成的园林，进一步用"山水"二字作了如其分的概括。1996年3月15日给李宏林的信——"我设想的山水城市是把我国传统园林思想与整个城市结合起来。要让每一个市民生活在园林之中，而不是要市民去找园林绿地、风景名胜。所以我不用'山水园林城市'，而用'山水城市'。""山水城市"从规划思想方面理解是具有中国特色的园林化的城市，继承和发扬中华民族的古典园林的思想，建设具有东方独特韵味与意境的城市——山得水而活，水得山而壮，城得山水而灵，把城市园林与城市山水、森林有机结合起来。同时具有深刻的意境美，形成"园林化"的山水城市形态。在山水城市的构想中，钱学森先生认为，规划、设计、建设的对象不应仅仅局限于道路、建筑物等硬件，而应该包围建筑，而不是建筑群中有几块绿地。山水城市人与自然的和谐统一；自然环境与人工环境的协调发展；城市的建设必须将中国古典文化传统与外国先进的文化和建筑技术结合起来，将传统与未来结合起来。钱学森强调在山水城市中，文物必须保护，并加以科学的维修。在山水城市的论述中他首先强调城市的体系，认为一个城市的科学体系是搞好城市建设规划发展战略所必须建立的。

2000年同济大学沈清基的《城市生态与城市环境》对城市生态、城市生态规划和建设方面有较为全面、系统的论述。沈清基论述了城市规划生态学化的涵义、城市生态学化的背景与必要性、城市规划生态学化等若干问题。内容包括：城市发展战略的生态学化、城市规划思维的生态学化以及环境影响评价的生态学化，并以此为基础探讨了城市规划与城市生态规划之间的关系。

2001年黄肇义提出生态城市是全球或区域生态系统中分享其公平承载能力份额的可持续子系统，是基于生态学原理建立的自然和谐、社会公平和经济高效的复合系统，更是具有自身人文特色的自然与人工协调、人与人之间和谐的理想人居环境。

2004年颜京松提出生态城市是在生态系统承载能力范围内、运用生态经济学原理和系统工程方法、改变传统经济建设和城市发展的模式、改变传统的生产和消费方式、决策和管理方法、挖掘市域内一切可利用的资源潜力、耦合主态型产业（经济）、生态环境（自然）和生态文化（社会）三大子系统而成的一类城市。城市的生态建设是向生态城市这一目标迈进的过程。

王祥荣论著《生态与环境》从生态与环境调控方面探讨了促进城市可持续发展的途径与对策，认为生态规划是以生态学原理和城乡规划原理为指导，应用系统科学、环境科学等多学科的手段辨识、模拟和设计人工复合生态系统内的各种生态关系，确定资源开发利用与保护的生态适宜度，探讨改善系统结构与功能的生态建设对策，促进人与环境关系持续协调发展的一种规划方法。部分环境学者从环境专业角度对改善城市生态环境质量提出了若干有价值的论点。

### 3.3　成就了三个概念

#### 3.3.1　低碳城市

低碳概念是在应对全球气候变化、提倡减少人类生产生活活动中温室气体排放的背景下提出的。2003年英国政府发表了《能源白皮书》，题为我们未来的能源：创建低碳经济。首次提出了"低碳经济"概念，引起了国际社会的广泛关注。《能源白皮书》指出，低碳经济是通过更少的自然资源消耗和环境污染，获得更多的经济产出，创造实现更高的生活标准和更好的生活质量的途径和机会，并为发展、应用和输出先进技术创造新的商机和更多的就业机会。

2007年日本提出"低碳社会"理念。日本低碳社会遵循三个基本原则，即在所有部门减少碳排放；提倡节俭精神，通过更简单的生活方式达到高质量的生活，从高消费社会向高质量社会转变；与大自然和谐生存，保持和维护自然环境成为人类社会的本质追求。

多数学者借鉴英国"低碳经济"的定义，从经济学的角度强调投入产出效率，强调"低能耗、低污染、低排放和高效能、高效率、高效益"，以低碳为发展方向，以节能减排为发展方式，以碳中和技术为发展方法的绿色经济发展模式。

从具体路径上，中国发展低碳经济的实质是提高能源效率和清洁能源结构，其核心在于低碳能源的开发和利用、低碳技术的开发和应用以及低碳产品的生产和消费。此外，也有学者强调"低碳社会"的重要性，认为中国向低碳经济转型必须要推行可持续的低碳生产和消费方式，不能仅仅被理解为发展新能源经济，也不能仅仅着眼于制造业加快淘汰高能耗、高污染的落后生产能力，还应关注我们的生活方式、消费模式如何向节能减排的目标转变。

低碳城市是通过经济发展模式、消费理念和生活方式的转变，在保证生活质量不断提高的前提下，实现有助于减少碳排放的城市建设模式和社会发展方式。低碳城市强调以低碳理念为指导，在一定的规划、政策和制度建设的推动下，推广低碳理念，以低碳技术和低碳产品为基础，以低碳能源生产和应用为主要对象，由公众广泛参与，通过发展当地经济和提高人们生活质量而为全球碳排放减少做出贡献的城市发展活动。

低碳城市的发展模式应当包括以下内涵：

（1）可持续发展的理念。低碳城市的本质是可持续发展理念的具体实践。立足中国仍然处在城市化加速阶段和人民生活质量需要改善的国情，降低城市社会经济活动的"碳足迹"、实现可持续城市化的同时，满足发展和人民生活水平提高的需求。

（2）碳排放量增加与社会经济发展速度脱钩的目标。以降低城市社会经济活动的碳排放强度为近期目标，首先实现碳排放量与社会经济发展脱钩的目标，即碳排放量增速小于城市经济总量增速。其长期和最终目标则是城市社会经济活动的碳排放总量的降低。

（3）对全球碳减排做出贡献。从全球尺度来看，低碳发展的目标只有一个，即全球碳排放的减少。但是在单个城市的尺度上，低碳发展应当包含两个层次。从狭义上理解，必须是城市内部社会经济系统的碳排放降低并维持在较低的水平，能被自然系统正常回收。而从广义上理解，一个地区通过发展低碳技术或低碳产品的有关产业，尽管其产业本身可能是增加当地碳排放，但是其技术或产品在其他地区或国家的应用也可以对全球的碳减排做出贡献。

（4）低碳城市发展的核心在于技术创新和制度创新。一方面，城市发展的低碳化，需要低碳技术的创新与应用。提高能源使用效率的节能技术和新能源的生产和应用技术，是城市实现节能减排目标的技术基础。另一方面，低碳城市发展需要公共治理模式创新和制度创新。英国、法国、日本和加拿大等国家均通过技术创新和制度创新，应对气候变化，加速温室气体减排。政府对低碳的认识程度决定了低碳城市发展的高度，而政府的机制设计和管理创新在低碳发展中则发挥着主要的推动和激励作用。低碳行动需要政府、公司、组织、家庭和个人的广泛参与。如果没有公众的广泛参与，很多政策可能是不可实施的。

### 3.3.2　生态城市

生态城市，从广义上讲是建立在人类对人与自然关系更深刻认识基础上的一种新文化观、新发展观，是按照生态学原则建立起来的社会、经济、自然协调发展的新型社会关系，是有效利用环境资源实现可持续发展的新的生产和生活方式；从狭义角度讲，就是按照生态学原理进行城市规划，以建立高效、和谐、健康、可持续发展的人类聚居环境。

"生态城市"虽然是1980年代后才迅速发展起来的一个"概念"，但实际上其"思想"已经十分久远。霍华德的"田园城市"、欧美国家的城市美化运动、绿色组织运动等中都蕴含有关生态城市的思想；1915年盖迪斯史将生态学原理和方法运用到城市规划中，成为生态城市探索的先驱；1950年代西方现代生态学科的崛起，对生态城市的规划、建设也起到了合力的推动作用。Rchard Register 1996年发表了有关生态城市的论著《The Ecocity Movement》。生态城市指生态健康的城市，是低污、紧凑、节能、充满活力并与自然和谐共存的聚居地，其追求的是人类气自然的健康与活力，每个城市都有可能利用其自然真赋，将原有城市建设转变成生态城市，实现城市生态化和生态城市普遍化，促进城市的健康与可持续发展。

1987前苏联Yanitsy理想的生态城市。自然、技术、人文充分融合，物质、能量、信息高效利用，人的创造力和生产力得到最大限度的发挥，居民的身心障康和环境质量得到维护，一种生态、高效、和谐的人类聚居新环境。D. Gorden于1990年出版了《绿色城市》一书，探讨了城市空间的生态化途径。

1992年6月3日至14日，联合国在巴西的里约热内卢召开了具有划时代意义的"人类环境与发展大会"。这次会议将环境问题定格为21世纪人类面临的巨大挑战，并就实施可持续发展战略达成一致。其中人类住区及城市的可持续发展，给城市生态环境问题研究注入了新的血液，成为当代城市生态环境问题研究的重要动向和热点。国际生态学会城市生态专业委员会，1995年1月和5月召开了"可持续城市"系列研讨会，就城市可持续发展问题进行了深入讨论。

1992年M. Wackennagd和W. Ress提出了"生态脚印"（Ecological Footprint）的概念，提醒人们应当有节制地开发有限的空间资源。1993年T. Dominski提出的生态城市三步走的模式具有了现代的循环经济的思想。

国际生态学会城市生态专业委员会，1995年1月和5月召开了"可持续城市"系列研讨会，就城市可持续发展问题进行了深入讨论。1996年6月在土耳其召开的"联合国人居环境大会"是对城市可持续发展研究的全面检阅，大量的可持续发展城市生态环境研究论文在大会上讨论和宣讲。

1996年城市生态组织提出了更为完整的建立生态城市十原则。1997年，Roseland提出了生态城市的理念。2002年雷吉斯特在《生态城市：建设与自然平衡生态环境》中介绍了生态城市的方方面面，并为我们勾画了生态城市的美好蓝图，特别是生态城市建设原理。近年来成功举办的五届国际生态城市会议和其他相关国际会议促进了生态城市理念的普及与传播，进一步推动了生态城市在全世界范围内的建设实践。

区域层面上，生态城市强调对区域、流域甚至是全国系统的影响，考虑区域、国家甚至全球生态系统的极限问题；在城市内部层次上，提出应按照生态原则建立合理的城市结构，扩大自然生态容量，形成城市开敞空间；生态城市最基本实现层次是建立具有长期发展和自我调节能力的城市社区。

1990年代以来，西方国家包括一些发展中国家都积极进行了生态城市规划、建设的实践，具备国际影响的著名案例有巴西的库里帝巴、澳大利亚的哈利法克斯、丹麦的哥本哈根、美国的克里夫兰等。

### 3.3.3　宜居城市

从19世纪开始，以理想都市建设和田园城市运动等为背景，追求城市舒适、便利和美观等职能成为英国城市发展的重要理念，这一理念也传到美国和其他西方发达国家。二战后，随着城市规划的发展，对舒适和宜人的城市环境的追求，在城市规划中的地位逐渐得到确立。David L. Smith在其著作《宜人与城市规划》中，以19世纪后半叶的历史为基础，倡导宜人的重要性，并进一步明确了其概念。根据他的定义，宜人的内涵包括三个层面的内容：一在公共卫生和污染问题等层面上的宜人；二是舒适和生活环境美所带来的宜人；三是由历史建筑和优美的自然环境所带来的宜人。1961年，WHO总结了满足人类基本生活要求的条件，提出了居住环境的基本理念，即"安全性（safety）、健康性（health）、便利性（convenience）、舒适性（amenity）"。

国内关于宜居城市的研究主要是来源于吴良镛关于人居环境的研究，可以说，人居环境的理论和方法是宜居城市研究的重要基础。周志田等从生态环角度出发认为，适宜人居住城市是一种遵循自然生态系统规律的人工生态系统的地域组织形式，并提出评价城市的宜居性时，需要考虑城市经济发展水平、发展潜力、安全保障条件、生态环境水平、居民生活质量水平、居民生活便捷度等方面。

"宜居城市"的条件中既包含优美、整洁、和谐的自然和生态环境，也包含安全、

便利、舒适的社会和人文环境。在自然和生态环境方面，宜居城市至少应具备三个
条件：

（1）宜居城市应该具有新鲜的空气、清洁的水、安静的生活环境和整洁的街区；大
气、水和土壤的污染，以及噪声、振动等对居民日常生活影响程度被控制在最低限度；

（2）应该拥有适宜的开敞空间和良好的绿化，人与自然环境融为一体、和谐共生；

（3）气候条件比较适于人类日常行为活动，保留着一定比例的自然山水景观，使居
民随时感受大自然的气息。

在社会和人文环境方面，宜居城市应该具备五个条件：

（1）宜居城市应该是一个安全的城市，也就是说，具备健全的法制社会秩序、完善
的防灾预警系统、安全的日常生活设施和安全的交通出行环境；

（2）宜居城市应该是能够提供与居民收入水平相当的居住空间，确保人人享受有适
当住房的条件；

（3）宜居城市应该创造充分的就业机会，为居民提供更多更好的就业岗位；

（4）宜居城市应该是一个生活方便的城市，它应该具备完善的、公平的基础配套设
施，使居民在购物、就医、就学等方面享受方便的公共服务。宜居城市也应该是一个出
行便利的城市，它应该是以公交系统优先发展为核心，为居民日常出行提供便捷的交通
服务；

（5）宜居城市应该具有良好的邻里关系、和谐的社区文化，并能够传承城市的历史
和文化，同时具有鲜明的地方特色的城市。

因此，"宜居城市"就是适宜于人类居住和生活的城市，是宜人的自然生态环境与
和谐的社会、人文环境的有机结合的城市，也应该是所有城市发展的方向和目标。

3.3.4 低碳城市、生态城市、宜居城市的关系

**低碳城市、生态城市、宜居城市的关系**　　　　　　　　　　　表3-1

| | 低碳城市 | 生态城市 | 宜居城市 |
|---|---|---|---|
| 概念 | 低碳城市指通过经济发展模式、消费理念和生活方式的转变，在保证生活质量不断提高的前提下，实现有助于减少碳排放的城市建设模式和社会发展方式 | 生态城市强调社会、经济、自然协调发展和整体生态化，即实现人和自然和谐发展，生态良性循环的城市 | 狭义：气候条件宜人，生态景观和谐，人工环境优美，治安环境良好，适宜居住的城市；<br>广义：人文环境与自然环境协调，经济持续繁荣，社会和谐稳定，文化氛围浓郁，设施舒适齐备，适于人类工作、生活和居住的城市 |
| 提出时间 | 2003年 | 20世纪70年代 | 19世纪 |
| 特征 | 1.可持续发展的理念；<br>2.碳排放量增加与社会经济发展速度脱钩的目标； | 1.确立可持续发展的城市发展目标和城市规划；<br>2.严格控制城市人口规模，提高人口素质； | 自然和生态环境方面：<br>1.宜居城市应该具有新鲜的空气、清洁的水、安静的生活环境和整洁的街区；<br>2.应该拥有适宜的开敞空间和良好的绿化，人与自然环境融为一体、和谐共生； |

续表

| | 低碳城市 | 生态城市 | 宜居城市 |
|---|---|---|---|
| 特征 | 3. 对全球碳减排做出贡献；<br>4. 低碳城市发展的核心在于技术创新和制度创新 | 3. 大力推行清洁生产，发展环保产业，倡导清洁消费；<br>4. 建立城市清洁交通体系；<br>5. 搞好市区立体绿化；<br>6. 发展生态农业，改善城区周边环境，缓解中心城市的生态压力；<br>7. 控制区域城市密度，保护绿色城市间隔；<br>8. 改进和完善城市发展考核办法及指标 | 3. 气候条件比较适于人类日常行为活动。保留着一定比例的自然山水景观，使居民随时感受大自然的气息。<br>社会和人文环境方面：<br>1. 宜居城市应该是一个安全的城市，具备健全的法制社会秩序、完善的防灾与预警系统、安全的日常生活设施和安全的交通出行环境；<br>2. 宜居城市应该是能够提供与居民收入水平相当的居住空间，确保人人享受有适当住房的条件；<br>3. 宜居城市应该创造充分的就业机会，为居民提供更多更好的就业岗位；<br>4. 宜居城市应该是一个生活方便的城市，它应该具备完善的、公平的基础配套设施，使居民享受方便的公共服务；<br>5. 宜居城市应该具有良好的邻里关系、和谐的社区文化 |

# 第二部分　针对水网城镇低碳化的系统认识

　　我国东部地区，尤其是长三角、珠三角的水网城市城镇化水平已近60%并呈加速上升的趋势，带动形成的处于第三、四级生态网络覆盖的人类生产生活最频繁、最密集地区之一的众多城镇，它们生长在城市密集区与水网密布区，是城镇发展、乡村建设以及农业耕作的主要区域，承担了人类生存与生态维育的双重功能[①]。然而，在城镇化形势不容逆转和资源环境约束问题不容回避的双重压力下，针对东部水网城镇低碳化规划的程序与方法研究是以生态理念和节能减排引导城镇可持续发展的必由之路。

　　社会事物的发展是一个不断增加复杂性的过程。目前我国针对低碳城市的相关理论研究已经开始，大体框架已经形成，遗憾的是现阶段多是基于技术领域的研究实践，而城市形态、用地布局、交通模式等方面低碳化的研究特别是针对我国城市化与社会经济发展最快速地区的长三角水网城镇的还较少，也缺乏系统化的规划程序，理论研究严重滞后于社会关注度。在规划研究层面，我国对低碳规划领域的研究已经开始、阶段性结论已经给出、也已经有了一定数量；但是摆脱谈研究方法、谈概念解释、谈气候变化、谈新技术利用、谈发展战略等宏观问题的，直接针对水网城镇的，直接针对城市规划具体操作层面的研究成果还没有。

　　诚然，低碳城市规划依然属于生态城市规划的一个子集，水网城镇低碳化的规划程序与方法在生态城市规划理论研究的基础上，针对长三角水网城镇城镇化发展出现的新问题，尤其是城市蔓延、水网特征丧失等问题带来的核心后果——碳排放的增多，来提出水网城镇系统的规划解决方法。

　　水网是一种特殊的生态系统，它为流域范围内所有生物提供适宜的生境。对于人类聚居的城镇而言，它不仅是生命之源、运输通道、生产资料，更结合周边绿地为城镇居民提供良好的生活环境，吸收温室气体，增强景观环境的自然特质，促进人与自然的和谐状态。本研究的水网广义上是指水系，由海洋、河流、湖泊等构成的系统，多依照江河、湖泊的支流和源流逐级形成的网状结构划分。这里将水网的概念从城市建设中低碳化规划的角度阐明，是指规划区域范围内，河流、湖泊等水域与流域范围内各类滨水用地构成的自然生态结构。

　　长三角水网地区河流纵横、湖泊密集的自然特点，造就了水网城镇特有的水陆相间的大地景观风貌，形成了"人家尽枕河"的传统水乡格局。作为该地区物质交换大动脉，城镇骨架以及人流、物流等交通载体的水网在长三角地区自然生态系统与文化生活中处于核心地位。首先，长三角地区城镇布局与水网关系十分密切，比如长三角一共25个地级市中分布在京杭大运河沿岸的就有8个，而历史上著名的江南小镇如周庄、同

---

　　① 李清宇，黄耀志.长三角小城镇水网系统健康的调控方法与途径[J].现代城市研究，2010（9）：72-81.

里、南浔、乌镇等，均是临水而建、依水而兴；其次，城镇依托河流的等级与重要性决
定城镇的地位，长三角地区人口超过200万的特大型城市与大城市一般位于航运主干线
上，如上海、南京、苏州、杭州等。第三，该地区传统城市或小镇，它们的城市规模和
空间形态在依托水系为城市主轴或重要交通方式的条件下长期具有稳定性，城镇用地、
交通、水系经过长期的建设与调整已经成为相互耦合的整体，自然空间与城镇空间因为
水网而完美的融合在一起，形成长三角水网城镇独特的地区性风貌。

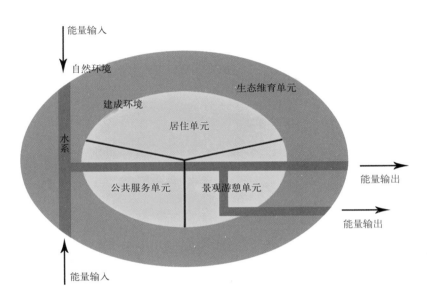

水网系统示意

综上所述，水网是长三角地区的生命线，是能量输入输出的主要介质，也是该地
区城镇的重要特征。长三角水网城镇的低碳化规划，离不开水网在城镇内部串接公园绿
地、城市森林、道路绿地、居住区绿地、单位绿地等来减少空气中的温室气体含量以及
引导风向降低城市温度；也离不开水网在城镇外部串联农田、果园、苗圃、山林来限制
城市蔓延，减少产生二氧化碳的可能性。因此，水网不仅直接汇聚二氧化碳，而且是减
少二氧化碳实现城镇生态化的发动机。水网城镇系统特征的分析必须紧扣水网去展开。

针对水网城镇低碳化的系统认识，应该以长三角水网城镇的基本概念、内涵特点、
组成要素、现状问题进行系统化的分析与界定为基础。首先，基本概念的界定分为三个
部分，一是确定本书所研究的长三角的范围，二是通过相关要素的分析确定水网城镇的
定义，三是研究碳排放的种类与低碳化规划的定义，明确低碳化规划的实现方法。

其次，为完整解析长三角水网城镇系统特征，按照宏观—中观—微观的竖向结构，
依次对区域层面、城镇范围、开发建设三个方面的不同组成部分进行特征分析，并得出
了不同层面的特征与碳排放的关系。

第三，从土地覆被角度分析与低碳化的联系，明晰水网与绿网共同作用吸收温室气

体，碳网是碳排放的主体。确定水网是自然生态系统的核心，碳网是社会发展的核心，绿网是低碳化能否成功的关键。

最后，根据对长三角土地覆被的网络化解析，分析水网现状与绿网现状，找出两者现状碳汇聚能力不足的原因；同时发现用地现状问题，解释碳排放较高的根源，为后续低碳化规划程序与方法的研究提供基础。

针对水网城镇的系统分析，在特征研究的范围上从大到小涉及多个层面，在现状问题的组成上属于三者平行结构共同作用，"一竖一横"的逻辑路线对后续研究的启发是：第一，低碳化规划研究的维度应从区域整体入手，不断细化涉及不同层面；第二，低碳化规划研究的方向应紧抓与碳排放和吸收密切相关的城镇、水网、绿网，通过研究维度的整体层次性和研究内容的平行延伸性来共扼全书，形成低碳化规划研究的系统性。

## 第四章 长三角水网城镇

　　传统地理意义上的长三角地区主要包括江苏省沿江城镇、上海市全境、浙江省杭州湾地区城镇以及宁波、绍兴等，共15个市，面积约9.96万平方公里[①]。其形成是由长江与钱塘江向东入海而冲击成的大型河口三角洲，属于长江中下游平原的一部分。改革开放以后，随着长三角城镇的经济快速发展，在其集聚效应的影响下，经济意义上的长三角范围应运而生，按照国务院2008年《关于进一步发展长三角的指导意见》，长三角范围扩大到两省一市，即江苏、浙江全省，上海市。

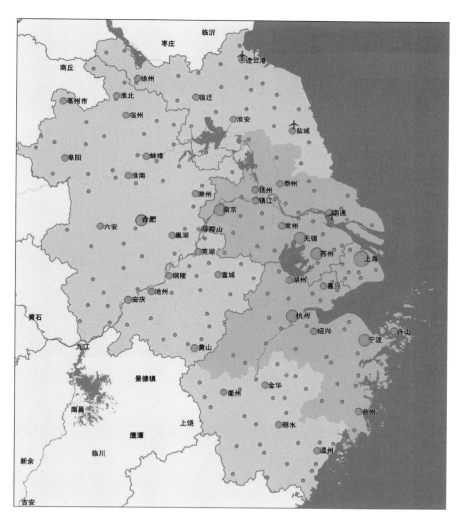

图4-1 研究包括的长三角范围

---

　　① 全国科学技术名词审定委员会.长三角[DB/OL].http://baike.baidu.com/view/181899.htm.

随着社会经济的发展，长三角城镇正经历一个复杂一体化融合发展的互动阶段，无论是传统地理的范围还是经济范围都影响了研究对象的广泛性、过程的科学性、结论的严谨性。因此，结合期刊文献中对长三角范围的不同界定，选择该地区经济发展融合、社会文化相似、历史发展关联、气候条件相同、自然生态系统延续、水系河流网络均涉及，包括：上海、南京、苏州、无锡、常州、镇江、南通、扬州、泰州、淮安、宿迁、盐城、合肥、马鞍山、杭州、宁波、金华、嘉兴、湖州、绍兴、舟山、台州、衢州共23个城市所构成的长三角水网城镇区域范围，总面积约21.08万平方公里（图4-1）。

研究长三角水网城镇形成的原因与发展的一般过程，探究该地区水网城镇构成的主要因素，水网与城镇在经济、社会、环境紧密联系的根本原因，以便于对水网城镇的准确定义和其特质的系统分析。

### 4.1　水网城镇的形成与发展

#### 4.1.1　水网城镇的形成

长三角地区，众多城镇因水况而择址，因水运而兴商，经过长期延续发展形成各具特色的水乡风貌。地域内以平原、丘陵为主，河湖水网密布，平原洼地广阔，土壤肥沃，气候湿润，光照雨水充足，这些有利于农业生产和交通运输的地理条件，孕育出了一大批水乡城镇，如精致婉约的苏州、布局奇特的双体古镇乌镇、丝业极盛的万户大镇盛泽等，其中，一些城镇成为江南水乡的缩影与代表，如：苏州（图4-2）、杭州、西塘、朱家角等；还有一些城镇成为地区的商业贸易中心，如南京、扬州、宁波等。

图4-2　姑苏繁华图局部：因水而兴的商业
图片来源：参考文献［115］

水乡城镇的形成与发展，是一部人类依水而居、依水兴业的历史。以水为中心的自然风貌、生活环境直接影响着水乡城镇的布局格式、民居风格、生活方式甚至文化形态。

#### 4.1.2　水网城镇的发展

城市水系又称为"城市血脉"。它对促进城市的繁荣发展具有重要作用。城市水系使城内外交通十分便利，进而使商业兴旺、市场繁荣。并且，护城河提供的清洁用水也使许多城镇手工业得以兴起和发展。因此城市的繁华，工商业的兴起都与水源、水运有着密切联系。

考察今天长三角地区的水乡城镇，大多是从"草市"发展而来[①]。"市"原指商品交换的场所，也是我国古代商业市场的主要形式。草市的兴起是商业发展的重要表现。唐代以前，城市中实行坊市制度，规定住宅区和市分设，交易必须在"市"区内进行，并有严格的启闭制度，使商品交换在时间和空间上受到很大限制。随着社会经济的发展，坊市制度对城市商品经济的束缚作用越来越明显，因而从唐代中期开始这种制度便趋向崩溃。长三角地区依托四通八达的水网和农业经济的发展，为草市的形成奠定了重要基础。此时江南城乡还出现了大量的夜市。在草市基础上发展起来的商业性城镇，都因其地处水上交通要冲，而成为物资交流的场所。这些水乡城镇通过密集的水网与周边农村相联，起着四乡物资交易中心的作用，又因发达的水运与大城市互通，起到城乡经济互促互补的作用[②]。

唐、宋以后，长三角地区商品经济空前发达，始终处于全国领先位置。在此期间，作为区域商品集散中心而大量涌现的城镇，由于其经济职能作用的发挥和刺激，街市规模、繁荣程度其他地区同级城镇无法相比。大多街市间密布各类手工作坊、店肆庄行，工贾杂处、买卖两旺，由此构成了一个个各具特色的商业社区（图4-2）。商品经济的发达，同时也助推了城镇周边地区农产品商品化和商业性农业的发展，促进了传统农业与手工业相结合。农民种植经济作物及其在此基础上发展起来的加工业，带有了商品生产的性质，尤其是棉、桑等经济作物的广泛栽种，为手工业生产提供了原料，其产品大多数作为商品直接投入市场，推进了自然经济向商品经济的逐步转化。手工业的发展，表现为社会分工进一步扩大[③]。新兴手工行业不断产生，如随着棉花的推广，轧花业日渐从农业中分离出来，演变为独立的手工行业。当时，太仓"城市男子多轧花"，松江的制袜业和制鞋业也很有名。

社会分工进一步扩大也使手工业中心城市和专业市镇渐次形成。如明代的松江是棉纺织业的中心，所谓"俗务纺织，他技不多"，"纺织不止村落，虽城中亦然"。因此，有"衣被天下"之说；丝织业中心主要在苏州、杭州、嘉兴、湖州诸府，张瀚曾说过："余尝总览市利，大都东南之利，莫大于罗绮绢，而三吴为最。乾隆时比户习织，专其业者不下万家"。中心城市的形成带动了专业市镇的发展。在江南涌现出许多以某一手工行业著称的专业镇，如吴江的盛泽镇、震泽镇等的丝织业，居民"尽逐绫绸之利"；松江的朱泾镇、枫泾镇等的棉布加工业；松江下砂镇的刺绣业；嘉定黄渡镇、纪王庙镇的靛业；江阴谢园镇的蔬瓜业等，都闻名遐迩，称誉一时。

中心城市和专业市镇的形成，反过来又不断促进水陆交通发展、工商业发达和市场繁荣。并由此奠定了长三角地区人杰地灵的经济基础，培植滋润了丰富独特的文化风情。

## 4.2　水网城镇的构成要素与定义

目前，国内外对"水网城镇"一词还没有明确的定义，人们普遍意象中往往仅从

---

①　史丽霞.水系与水乡城镇空间发展规划研究——以姜堰市溱潼镇为例[D].南京：东南大学，2006.
②　中国城市规划设计研究院.苏州水系研究[R].苏州：苏州市规划局，2006.
③　史丽霞.水系与水乡城镇空间发展规划研究——以姜堰市溱潼镇为例[D].南京：东南大学，2006.

"水陆比例"关系出发认为是河流纵横密集、湖泊星罗棋布的地区建立的城镇。本研究认为水网密度只是界定水网城镇的概念的一个重要指标，而在水网与城镇的形态关系、水网与城镇生活的结合、水网与交通的关联等要素也是重要的考察方面。

### 4.2.1 水网密度

就地区水网密度而言，长江中下游平原水网密度平均在0.5km/km²以上，多山地区可达到0.7km/km²，而不利于河流水系发育的长三角水网密度却达到了4.8～6.7km/km²，三角洲南部的杭嘉湖平原更是高达12.7km/km²（图4-3）。

就湖泊密度而言，长三角分为太湖平原湖泊群，镇江为起点至淮安分布着高邮湖、骆马湖、洪泽湖等主要湖泊的江苏省西部湖泊群，和浙江西部的湖泊群。各地级市市域范围内平均拥有大小湖泊200多个，湖泊率约为8%，高于全国湖泊率的10倍。

### 4.2.2 水网与城镇形态

长三角的城镇形态均与水密切相关。从水网与城镇空间关系来看，一般不外乎以下四种类型。①一水穿城而过，这种形式在苏北城市中比较常见，城市多为带形和圆形；②多水汇聚或水网环城，这种形式在苏南地区较为常见，城镇被水系分割，多呈放射状或圈层式发展；③水系网状覆盖，这种形式多出现在太湖平原与杭嘉湖平原，城镇呈圆形或组团式发展，城镇交通与水网呈双格网形式；④河湖主导，城市受湖泊限制多结合湖泊和主要河流布局，一般呈带型和放射型发展，无锡、高邮的城市形态均受该种类型的影响较大，同时这种类型由于受现代交通运输的需要更多的体现在临湖小城镇的形态上[①]。

### 4.2.3 水网与城镇生活

长三角城镇居民的日常饮食包含莲藕、茨菇、菱角、菱白、芦蒿、鱼、虾、螃蟹等，同时部分城镇及农村居民仍然保持着在门前河中洗菜洗衣等生活习惯，集中反映了水网与生活的关联性。在生产上，长三角地区从古到今都比较发达的纺织、丝绸、造纸、盐业等城镇工业均需要有充足的供水来源[②]。

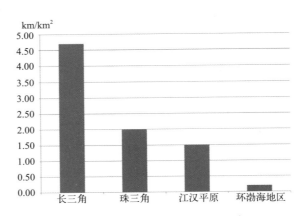

图4-3  我国中东部主要地区水网密度

---

① 李春辉.水网地区小城镇空间格局研究[D].苏州：苏州科技学院，2010.
② 姜允芳.城市绿地系统规划的理论与方法[D].上海：同济大学，2007.

在防洪排涝方面，原本以太湖为中心，中间低四周高的地理特征常遭受上游洪水、海潮倒灌的洪涝灾害。长期与水为邻的人们开挖河道，修圩设闸，在人工与天然的双重作用下，形成了密布的水网为长三角城镇排水提供了便利，"立国于广川之上"的城镇利用发达的水系迅速将洪水排出，因此水网城镇中洪涝灾害较少。"故虽号泽国而未尝有溺之灾"[①]。正是因为长三角水网地区的天然特质，造就了城镇生活对水网的依赖性。

### 4.2.4　水网与交通

在今天的长三角，分布着12条铁路线、28条高速公路和19个航运机场，水网的运输功能却仍然发挥着重要作用。尤其是那些深处湖荡密布区的小城镇，如淳安周边乡镇、嘉兴西塘镇、南汇镇等，因为陆地交通建设困难，水运仍然承担了主要运输方式。仅太湖流域的内河航运量就占到全国内河运输量的1/3，近年来长三角各市水运货运量及货物周转量在全市综合运输网中的比例分别在40%和45%左右[②]，水网的交通性具有不可替代的地位和作用。

### 4.2.5　构成要素与国外水网城市的比较

综合比较国外公认的水网城镇，如威尼斯、阿姆斯特丹、斯德哥尔摩、曼谷等，除了一般城市构成要素外，其被称为水城（Water Town）的根本要素包括较高的水网密度，如阿姆斯特丹内城165km$^2$，其中仅城内运河就长75.5km；依水而建的城镇形态，最典型的就是威尼斯，城市用地完全依水网整齐划分；与水网息息相关的城镇生活，如文莱水城斯里加巴湾市的世界上最大的水上市镇，城市商业、生产、生活均在水上进行；水网交通的巨大作用，如曼谷的水网在货运、旅游、日常交通中都起着积极作用。

综上所述，水网城镇的定义是指生长在水网密度为4km/km$^2$左右地区，水网与城镇空间形态发展深度结合并成为城镇交通的重要方式及城镇生活的主要物质载体的人类集聚区。而研究所确定的长三角地区城镇均符合上述特征。

---

① 王婧.水网型城市水系规划方法研究——以南通崇川区水系规划为例[D].上海：同济大学，2008.
② 中国城市规划设计研究院.苏州水系研究[R].苏州：苏州市规划局，2006.

## 第五章　碳的特质和低碳化的系统分析

　　人为引起的气候变化现象的产生根源因为不断排放到大气中的温室气体和颗粒数量超过了自然生态系统通过光合作用汇聚碳元素的能力[1]。自然界拥有碳汇聚（或者称碳固存）的能力，科学证明50%的碳都汇聚在自然系统中。而由于城市蔓延导致的大量的林地与水网等天然设施被破坏，最终遭到破坏的还是我们自己的城市生活（图5-1）。

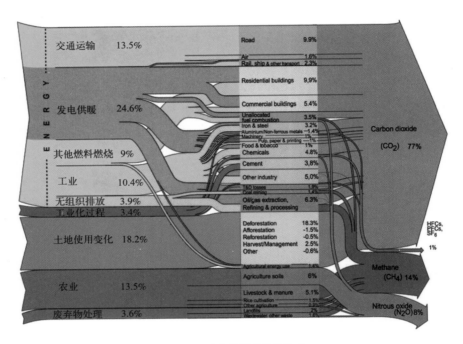

图5-1　温室气体排放单位构成

图片来源：改绘自World Resources Institute，Climate Analysis Indicator Tool (CAIT). Navigating the Numbers: Greenhouse Gas Data and International Climate Policy，December 2005，Intergovernmental Panel on Climate Change，1996 (data for 2000).

### 5.1　碳的类型

　　（1）褐碳、黑碳：目前科学界基本认同，褐碳和黑碳排放是造成全球升温的主要原因。而褐碳和黑碳生成则主要是人类燃烧化石燃料、生物燃料和木材所致，这些燃料燃烧后会产生两种物质，一是温室气体，科学界称之为褐碳，二是粉尘，科学界称作之黑碳。黑碳排放后会直接或间接进入云层，影响对流层的辐射传播，降低冰雪的反射率；黑碳还会通过浮质和河流沉积进入海洋，在深海的某些区域，黑碳占沉积有机碳的比例

---

　　[1]　Christian Nellemann，Emily Corcoran，Carlos M. Duarte.Blue Carbon—The Role of Healthy Oceans in Binging Carbon[M].NUEP，FAO，2009.

可高达30%（Masiello 和 Druffel，1998），并可能导致了在过去一百年中所观察到的25%的全球升温现象；黑碳往往会在大气中停留数天或数周（Hansen 和 Nazarento，2004）。缓解全球升温，维持生态平衡，目前科研人员所采取的办法中，降低黑碳排放是最有效的办法之一。

绿碳：即通过光合作用去除并储存在自然生态系统的植物和土壤里的碳。绿碳是全球碳循环的重要部分，它与碳汇聚密切相关，碳汇聚是指把温室气体、浮质或其前体从大气中去除的过程、活动或机制。天然$CO_2$汇聚主要通过林地、农田和海洋得以完成。值得注意的是，很多植物尤其是大多数作物生命周期较短，或会在每个季末释放大量碳，与此不同，林地生物量则可以积聚碳长达数十年或数百年，而且，林地还可以在相对较短的时间内积聚大量$CO_2$，通常为数十年。毫无疑问林地是绿碳生态系统中的最佳组成部分。

因此，植树造林和重新造林形成绿碳生态网络是可以用来增强生物碳固存的重要措施。有报告显示："一项关于减少毁林、增强森林自然更新以及在世界范围内重新造林的全球方案可以在2050年之前固存600亿～870亿吨的大气碳，约相当于在这段时间内燃烧化石燃料所产生的$CO_2$预计排放量的12%～15%"（Trumper et al，2009）。同时，气专委还指出：要把平均温度升幅控制在2℃以内，全球碳排放量必须到2050年时比2000年的水平减少85%，并在2015年之前达到高峰（Trumper et al，2009）。

蓝碳：是指由水，主要是海洋、江河捕获储存的碳。科学研究表明，绿碳总量的近55%并不是被陆地上生物捕获而是被水捕获的。建立绿碳生态系统尽管已经引起人们的很大关注，各地开始大量植树造林，但对蓝碳生态系统的研究相对滞后。这可能是我们在缓解气候变化过程中的不足之处。蓝碳形成过程大致是：$CO_2$可溶于水，水的$CO_2$与大气相比欠饱和，通过气体交换，$CO_2$会从大气转移到河流、海洋，并在水中形成溶解无机碳，而后$CO_2$再由混合流和海流进行分配，这是一个连续不断的过程。这个过程在冬季更为有效，因为$CO_2$在冷水中的溶解度较高，所以吸收$CO_2$而形成的溶解无机碳会增加。通过这个过程，大量$CO_2$从大气中去除并由水储存起来，从而使它们无法立即导致温室效应。

长三角除了丰富的水网资源外，同样拥有绵延的海岸线和多样的海洋资源，它们在广义上同属水网系统的一部分，是汇聚$CO_2$的主要载体。然而这个系统正受到人为活动的威胁，这些活动迭加起来就会导致水温变暖，水质由于化学成分的污染而引起变化，维持着水网生物多样性的脆弱平衡就会被打乱，给水网生态系统和气候带来严重后果。

## 5.2　低碳化与低碳化规划

究其本质，低碳化的意思就是改变城镇能源消耗越来越多、碳排放越来越大的现状，使城镇大气中的碳指标降低的过程。包含低碳能源、低碳经济、低碳社会、低碳城市等诸多要素。城市规划中，低碳化属于生态城市建设的范畴，最终目标是实现城镇与自然环境的和谐共生，包含低碳城镇发展模式、低碳交通、低碳社区、低碳空间形态等诸多方面的规划。

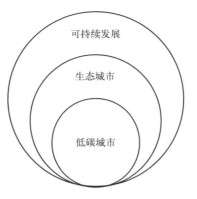 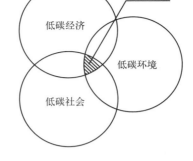

图5-2　低碳化规划在规划体系中的地位　　图5-3　低碳化规划在行动中的位置

　　低碳化规划在体系上是可持续发展框架中生态城市规划的一个分支（图5-2），目的是减少碳排放，实现城市与自然系统的融合；在行动上属经济—社会—环境整体系统低碳化的一部分（图5-3），着重于确保人类发展空间的紧凑多样，复合共生，为低碳化的社会经济发展提供平台。因此，低碳化的城市规划是为最大限度的减少温室气体排放，以城镇空间为物质载体，研究低碳化的发展模式、发展方向、城镇布局和综合安排各项工程建设的综合部署。

　　（1）直接实现与间接实现

　　低碳化规划的实现形式包括直接实现和间接实现。

　　直接实现是显性的、一目了然的，指通过必要的规划方法与政策操作直接减少了大气中的温室气体含量，比如大面积的植树造林、采用新能源、禁止使用小汽车等等。

　　间接实现是隐性的、需要长期跟踪调查的，指通过一系列规划方法和政策指引间接减少了大气中的温室气体含量，比如采用公交主导的城镇开发模式、限定城镇组团的规模和发展方向、进行符合地区气候条件的城市设计等。

　　（2）实现方法

　　减少温室气体在大气中的比重主要通过固碳和减排两种方法实现。目前的人类科技情况下，碳汇聚主要是靠水网和绿色植物来完成，需要城市规划合理安排城镇空间、严格限制无序蔓延、保障水网与绿网的宽度、连结度和畅通，同时注意植物的碳汇能力加以选择；而减少温室气体排放则需要多学科多部门多层次多系统的共同努力，城市规划中重点是恰当选择节约型的发展模式、减少城镇交通通勤量、控制城镇组团的合理规模、关注城镇内部实体形态的布局是否利于内部通风和环境的清洁等。

## 5.3　系统分析长三角水网城镇特质与碳排放

　　在纵向上长三角水网城镇可以分解为：区域空间—城镇单元—开发地块，在横向上主要由水网—绿地—建设用地组成。因此，针对长三角水网城镇的特征分析应该以纵向为基础，结合横向要素去逐一比对进行研究。同时，必须明确低碳化规划的目标，联系水网城镇特征与碳排放的关系，为下一步具体规划操作方法的研究做准备。

5.3.1　针对区域层面的认识

（1）区域空间格局

从区域空间格局来看，长三角的核心圈层以上海为中心包含苏州市、无锡市、常州
市、南通市、嘉兴市、杭州市、宁波市。中间圈层包含镇江市、南京市、扬州市、泰州
市、南通市、湖州市、嘉兴市、绍兴市、舟山市。外部则由盐城市、淮安市、宿迁市、
合肥市、马鞍山市、衢州市、金华市构成第三层次[①]（图5-4）。

在其内部格局来看，长三角分为以上海为中心的环太湖都市密集区、以南京为中
心的沿江城镇密集区、以杭州、宁波为中心的杭州湾城镇密集区。三个密集区分别以镇
江—常州一带、湖州—嘉兴一带为边界地带。

因此，上海、苏州、无锡、常州等都市区的主业主导的外围区彼此相连，构成了长
三角及其周边地区的核心城镇密集区。以南京为中心，包括邻近的镇江、扬州、泰州等
都市区的外围区基本相连，形成了相对连续的沿长江城镇密集轴，滁州和马鞍山也基本
上位于这一城镇密集轴上。以杭州、宁波为中心，包括邻近的嘉兴、湖州、绍兴，构成
了连续的沿杭州湾城镇密集轴。南通都市区是与沿江密集轴和上海—苏锡常密集轴相对
独立的城镇发展区。而以合肥、盐城、淮安、衢州、金华、宿迁、马鞍山、台州为节点
则形成了长三角边缘城镇发展极。

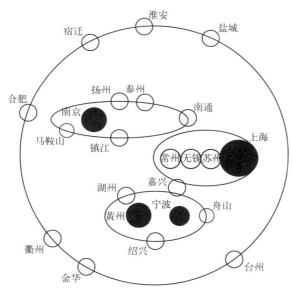

图5-4　长三角水网城镇区域空间格局

图片来源：改绘自参考文献［161］

（2）水网类型及特点

江南地区水网可分为河湖水网和河道水网，根据形成原因主要分为三类：

---

① 于涛方.中国"GLOBAL-REGIONS"边界研究——界定、演变与机制[D].上海：同济大学，2005.

一是自然型。自然型水网主要是自然力作用使然，由于地层内部活动或地面气候变化等自然原因，历经千万年演化而成。最具代表性的自然型水网有长江、钱塘江、太湖等。

二是人工型。人工型水网主要是人们为满足生产生活或某些特定需求开凿而成，此类河流主要分布于城镇内部及周边、农耕区，最具代表性的人工型水网有京杭大运河、江南城镇内外纵横交错的若干河道、农耕区的灌溉河渠、人工湖泊等。

三是加工型。加工型水网原属自然型水网，后经人类加工改造，或裁弯取直，或拓宽加深，使其更符合生活生产之需。自然型水网从生态角度分析，具有很强的和谐性和平衡性，对自然生态平衡有着重要的调节功能。人工型水网和加工型水网则具有明显的适用性和便利性，在改善人类活动环境的同时，部分人工河道和湖泊客观上也破坏了自然生态的和谐与平衡。江南水网有如下几个特点：

①水网密集，分布基本有序。城镇周边地区河网密度一般在5 ～ 12km/km²。远离城的市农耕区河网密度一般在3~4km/km²。水网密集区主要分布在太湖东部的苏州市域和湖州市域一带。该地区地势低平，主要以农田为主，同时也是重要水产养殖基地，河道池塘密布，细小水道完整，仍不同程度保留着江南水乡的景观特色。整个江南水网的分布虽然疏密不等，但人工河网与自然河网结合较为完美。长期以来，人类根据自身的生产生活需求不断对水网进行增补调整、疏浚改造，并在水网中建造了星罗棋布的水闸、站台、堤坝等水利设施，有效调节控制水系运行，以此灌溉农田、防洪排洪。

②水系复杂，功能相对混合。江南地区由于河道密布，河湖交汇，闸站众多，河道主流与支流之间、河道与湖泊之间，构成了错综复杂的层次关系。水网功能由于不断调整改造以适应人类自身发展需求，也变得更为混杂，常常同一处水网兼有供水用水、蓄洪排涝、水上运输、农田灌溉、旅游休闲、水产养殖等多项功能。人类在充分开发利用水资源过程中往往不经意埋下了潜在危机。

③类型多样，湿地资源突出。长三角水网不但分布密集，而且类型多样，常见类型有湖泊、河流、沟渠、水库、塘坝、沼泽等。多样化水网为这一地区提供了丰富的湿地资源。而湿地资源又为这一地区的物种多样性提供了天然场所，成为水网地区生态系统中的重要组成部分，为保持这一地区的生态平衡提供了重要保证。

④生态系统脆弱。从自然环境分析，长三角大部分地区地势平缓，少有山林高地，自然地形使水系流速整体较慢，相当部分的湖泊、水库，水流滞留期长，因而水网自我更新能力较差，生态系统易遭破坏；从经济环境分析，长三角水网地区经济发达，人口集中，生产生活造成的废水、废渣、废弃物与日俱增，再加之一些地方环保基础设施建设滞后，污水污物缺乏处理，人为造成水系的自净能力、纳污能力降低，水网生态系统受到不同程度破坏，少数地方已经很难恢复。

（3）绿地系统的特征

①功能综合

区域及城市的绿地系统承载着环境美化、温室气体吸收、生态恢复、动物栖息地等功能，特别是长三角水网城镇城市化快速推进带来的城镇功能转型和跨越式发展过程中，绿地系统主要扮演着吸收温室气体和生态恢复的角色，同时对社会、经济的发展也发挥着关键作用。

首先，在长三角城市的内部人口高密度聚集，特别是由于大城市中心土地价值高导致城市开放空间消失，不仅带来了一系列社会问题也引起了城市环境与城市交通等方面的压力，随着城市化的加快矛盾更加明显；其次，处在长三角城市密集圈内的大多数小城镇拥有高质量自然环境资源的镇域空间，往往在市域或高密度城镇化范围圈的空间职能分工中承担了开敞空间、休闲空间的职能，有的甚至直接被定义为大城市地区的重要生态斑块，承担生态维育的功能，其经济发展、产业选择的空间狭小；第三，在区域层面大量的农田、林地、茶园、滩涂、苗圃不仅是生态基质，也是也是限制城市无序蔓延构建优质广域生态环境的基底。因此，在长三角城镇中绿地系统不仅是发挥生态功能的作用，在系统整合的更高层面要求它进化成与城市其他系统协调，缓解城市社会问题，带动小镇都市农业发展，优化区域空间结构，具有更加综合的系统功能[①]。

②要素多元

随着长三角城乡一体化进程的加快，绿地系统的布局已经不局限于城市各类园林绿地的建设，而开始向市域及区域大环境绿化的空间布局着手。绿地系统的要素已经不局限于针对城市内部环境的公园、绿楔、绿廊等，而是从人工生态环境的提升和自然生态环境的改善的角度出发，从城市绿地的要素扩大到区域绿化系统的要素，包括：绿色廊道、绿楔、绿环、林地、农田、园林、苗圃等。

③结构复杂

从长三角水网城镇内部来看，各城镇尤其是不同城镇圈层之间发展基础不同、城市形态迥异、自然环境与地貌都有其特殊性，绿地系统结构难以用一两种结构模式概括或制定；同时从系统论的角度看，城镇系统由不同层次却又相互联系的开放体系构成，其组成单元之间互相进行能量、物质、信息交换而构成一个相互影响、互相作用的复合体，绿地系统是城市的一部分，必然随着尤其是快速发展过程中的长三角水网城镇城市性质的变化而引起的空间结构突变、产业结构调整而变化，其结构随着这些变化趋向于多样化及更加复杂[②]。

（4）与碳排放关系的解析

①区域空间格局是碳排放的背景

对于城市规划角度来说，这些现状格局正是碳排放的背景。其与将来可能出现的演化给本研究带来如下警示。首先以上海、南京、杭州—宁波为中心的三个城市圈层是长三角的中心区域，由于目前工业发展主要集中于石油、化工、电子通信、出口加工等碳排放较高的领域，加之三个圈层之间产业结构类似，所以圈层的不断推进的负面影响将使碳排放的加剧[③]。其次，核心区外围及边界地带的形成与演化将接受核心圈层的影响，如低端加工制造业、污染企业的转移，成为城市蔓延、环境污染等引发碳排放加剧的诱

① 姜允芳.城市绿地系统规划的理论与方法[D].上海：同济大学，2007.
② 中科院南京地理湖泊研究所.苏州市域空间系统规划[R].苏州市人民政府，2009.
③ 于涛方.中国"GLOBAL-REGIONS"边界研究——界定、演变与机制[D].上海：同济大学，2005.

因，这些都是低碳化规划中需要处理的现实问题。

②保障水网就是保障低碳化

众所周知，低碳化实施内容的本质在于对现有超额的$CO_2$的收集与控制继续排放，这就需要利用生态物质固碳和采用规划方法来降低排放。而水网对于低碳化有两点主要贡献，其一，它是自然系统的核心与绿地共同构成温室气体的吸收系统；其二，它是城市环境塑造的基础来构建内部公园绿地、通风走廊等，减少城镇热岛效应降低大功率设备的消耗从侧面降低碳排放。因此，在规划研究中需要明确：保障水网就是保障低碳化。

③绿地是规划研究的基础

在传统生态城市规划中，尽管缺乏抓手，然而绿地系统依然是保障城镇生态最重要的一环。在城镇低碳化研究中，绿地在自然系统层面不仅有涵养水源、固定堤岸等保护水网的功能，还是水网系统的最佳伴侣共同储存大气中的温室气体；在城镇建设层面也是在法规明确的情况下阻止城镇无序蔓延的重要屏障和降低城镇温度的重要手段。因此，绿地应该被赋予生态学的定义称为绿地生态系统，在区域层面是水网与城镇建设用地之外的最好的填充物，是城镇低碳化、生态化、宜居化的基础，共同构成长三角自然生态系统。

5.3.2 针对城镇范围的认识

（1）城市结构类型

城市结构类型，从微观上分析，可以说是多种多样，各具特色，无一雷同；从宏观上分析，大致可以通过不同的圆圈加以概括，以相对准确地反映和界定某一城市的空间布局和经济发展结构。西方各国于20世纪初已经分别制定了城市结构类型的界定标准，虽然标准方法各异，但大体上都包括两个部分：一是一定规模的中心城市；二是与中心城市具有紧密社会经济联系的外围地域。据此可以用不同的圆圈结构，结合城市行政区划实际对长三角城市结构类型进行大致分类，初步归纳为四种（图5-5）：

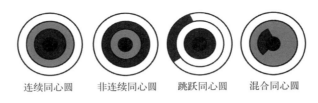

连续同心圆　　　非连续同心圆　　　跳跃同心圆　　　混合同心圆

图5-5　四种同心圆模式

①连续同心圆结构类型。主要城市有杭州、湖州、绍兴、舟山、台州、常州、泰州等。这类城市，都市区的空间结构和经济结构都比较符合伯吉斯的"同心圆"结构模式，自内而外依次是生产性服务业、一般服务业、工业和农林牧渔业，像一个个同心圆层层向外扩展。

②非连续性同心圆圈层类型。主要城市有苏州、扬州、合肥等。这类城市，在都市

核心区一定程度上已形成自身的独立发展体系，后由于某种因素突破原有圈层体系另谋新的发展。如苏州从核心区圈层直接跳到外围，发展以工业为主导的外围圈层。与同心圆结构比较，中间缺少了次核心圈层。这种结构类型的形成原因很多，苏州主要源于上海经济圈的辐射作用，都市区之间需要功能互补和协作；合肥一些城市的情况则由于地区工业化水平相对滞后。

③跳跃式同心圆圈层类型。主要城市有嘉兴、金华和镇江等。这类城市，从都市核心区到外围，经济发展的圈层特征是："发达—不发达—较为发达"，圈层之间的发展不够均衡，呈跳跃式状态。这种类型一方面反映了城市中心区功能的过渡集聚，另一方面也暗示了各都市经济圈之间辐射作用的差异性，如镇江处于南京都市圈和上海、苏锡常都市圈之间，其丹阳受到上海和苏锡常都市圈辐射较大而得以繁荣，而丹徒地处苏锡常都市圈和南京都市圈的边界地段则相对落后。同样，嘉兴的秀洲区处于上海都市圈与杭州都市圈的"边缘带"，金华的金东区处于杭州—绍兴—宁波经济密集区与金华的"断裂边界"[①]，其城市发展均具有跳跃式同心圆圈层类型的特点。

④混合同心圆圈层类型。主要城市有上海、南京、南通、无锡、宁波等。这类城市，都市区经济发展结构呈现非完全同心圆模式，有的数圆并列自成体系；有的圆圈之间相互包容；混合同心圆圈层类型的城市一般发展规模较大，历史久远，如上海、南京等，还有的可以归结为海洋、江河、山体等自然因素作用使然，如宁波、舟山等。

（2）水网空间形态

城镇内部水网空间形态主要分为一水伴城、多水汇聚、水网覆盖、河湖主导四种类型（图5-6）。

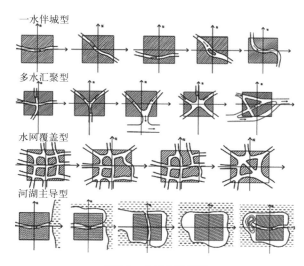

一水伴城型

多水汇聚型

水网覆盖型

河湖主导型

图5-6　水网空间类型
图片来源：改绘自参考文献［145］

① 于涛方.中国"GLOBAL-REGIONS"边界研究——界定、演变与机制[D].上海：同济大学，2005.

①一水伴城型

该类型多见于长三角水网城镇圈外围市县及太湖平原内部的部分小城镇，如：台州市、金华市、阜宁县、新市镇等。城镇空间形态表现为由一条主要河流穿越城镇内部或位于城镇一侧。这些城镇用地布局呈带状、组团式或圆形发展；水上交通影响较弱，或水陆平行，或在老城区保留水路并行方式新区着重陆路交通；河流成为城镇公共空间布置的重要轴线，与街道、广场、绿地共同组成城镇公共空间体系；这些城镇由于沿河发展，与河流接触面较大，生态环境良好，但是不当产业用地布局易造成整体性的生态破坏。

②多水汇聚或水网环城型

该类型多分布于沿江城镇密集区和杭州湾城镇密集区，如南京、合肥、宁波、溧阳、如皋等市镇，由于城市被水分割为数块，用地布局一般呈放射状或是圈层式的紧凑布局；被水分割的各地块的交通自成体系，各地块之间用桥梁或者环路相连；这些市镇的公共空间往往分散于水网交汇处，与河流关系密切；城镇形态与自然生态环境耦合度高，易形成生态网络形成城市小气候。

③水网覆盖型

水系网状覆盖与城镇空间相互交织是太湖流域城镇典型形态，如苏州、无锡、绍兴、杭州、嘉兴等。这些市镇用地布局较为紧凑显示集中趋圆形和组团型，城市交通往往水陆并行呈双格网布置，城镇公共空间与河网紧密相联共同形成水网景观①。城镇物质基础、人工生态环境及外围农田、林地形成紧密的绿地生态网络，生态效应好但是由于该类型城镇多处于长三角核心区，水网污染也最为严重。

④河湖主导型

这种类型以长三角小城镇居多，一般临湖发展或者被湖包围，水域空间开阔，比如光福、东山、金庭、马山、嘉泽等，由于自然力的作用较大，这些城镇用地零碎，布局类型也多样，呈集中趋圆型、带型、放射型等；城镇交通类型较为自由，公共空间结合湖泊河流布置；生态方面由于陆地湖面的相互作用对调节城镇气候具有明显作用，但是长三角地区湖泊普遍污染较为严重，这些市镇生态景观品质随着经济的发展反而倒退了。

（3）与碳排放关系的解析

①城镇结构类型的分析是低碳化规划的准备

不同的城镇空间结构演化出不同的城镇交通组织、绿地生态网络、公共空间分布、居住社区的位置等城镇用地布局。而在城镇范围层面的低碳化规划中必须考虑到成本核算和利益平衡问题，不能因为现有结构和规模的不合理就进行大拆大建，而是需要采用引导调整、逐步更新的方式。城镇结构类型的研究就是将长三角水网城镇从空间结构上进行归类，避免后续研究重复。

城镇结构类型的分析是城镇范围内实现低碳化规划的准备，其以研究现有空间结构

---

① 林朝晖.城市水系空间规划的理论与方法探索[D].上海：同济大学，2004.

为基础，以保护水网以及原有和水网相融合的城市形态为核心，以绿地生态网络将城镇组团化、分隔化改变圆形扩张的用地结构本为根本，以公共交通的布置先于城镇用地开发为手段来阻止城镇蔓延、引导空气流通、降低中心温度、改变圈层扩张的结构形态。

②结合水网的形态才是低碳的形态

水网空间形态与城镇低碳化建设的关系主要反映在以下三个方面。其一，长三角城镇的原始形态与水网一体，对水网空间形态的研究是预测未来城镇发展方向的根本；其二，长三角城镇与水网格局的契合度、水环境的好坏受周边产业布局、生产方式、交通布局的重要影响，这些都与低碳化规划息息相关；第三，城镇居住区的布局一般为符合人类亲水性的特点以及景观建设的需要结合水网布置，但是其分布是否符合城镇整体形态要求，符合公共交通发展方向，与公共服务结合，与绿地生态网络比邻都是需要以水网空间形态为核心在低碳化规划研究中必须注意的问题。

5.3.3　针对开发建设的认识

（1）建设用地生态敏感度高

长三角水网地区具有城镇密集但基础设施不完备、河湖纵横但水深较浅、土地肥沃但农林分布不均的特征，这些原因的叠加造成了该地区生态压力大、易污染、污染后自净能力不高的特性。致使该地区与其他地区相比建设用地生态敏感度较高，土地使用时容易造成环境破坏，开发建设的不谨慎将带来数倍的投入去治理。因此，如何协调城镇化的发展与资源环境的优质，工业化的提高与低碳化的并存是该地区在土地使用、用地控制、配套设施建设等方面涉及的关键问题。

（2）土地零碎但价值高

长三角地区水网密布的地理特征带来了空间界面、空间组织、空间构成的多样化，这些形成空间品质提升的优势也促进了城镇土地价值的升高。然而由于可建设用地被水网分割而导致的城镇形态零碎，难以进行有规模的开发建设[①]。所以，从开发建设初期就要做为一个系统工程来对待，既要使上位规划完善来保证城市整体风貌的统一；又要使经济、行政、法规等方面完备来正确引导开发进程；还要保证基础设施规划的先行，避免重复建设带来的经济成本与环境成本的升高。

（3）基础设施建设成本高

人口的不断聚集要求长三角地区基础设施建设在规模上与数量上加快完善配置，同时能够清洁有效达到物质建设与生态环境的和谐，适应未来城镇化发展的需要；水网的密布则在具体内容上提出桥梁、防洪设施的建设要远远多于其他地区城镇同类项目的建造数量。因此，水网地区的土地利用与发展，基础设施建设成本高，加之生态敏感性高不能省，更需要与该地区相适应的具体控制条例与操作方法对其进行约束，形成长效管理体制。

（4）城镇单位面积土地人口密度高

根据2007年的统计数据来看，上海市、江苏省和浙江省常住人口总量为1.43亿人，

---

① 彭小雷.水网中的城市——绍兴市镜湖空间发展规划[J].规划师，2004（3）：39-42.

占全国总人口的10.91%，人口密度约2860人/km²，而具体到城镇中，这一数字4890人/km²[①]。由于长三角地区社会经济发达，人口自然增长已呈现现代人口再生单类型，而人口增长数量主要依靠外来人口迁入，例如2007年末上海市外来人口为600万，占全市人口的四分之一。由此可见，随着城乡统筹发展与不合理的社会制度逐渐消亡，人口向城市集聚的趋势短时间难以改变，高密度的人口集聚造成的环境、交通、土地等方面的压力需要合理的用地布局、交通组织方式、产业结构布局等城市规划手段来消化。

（5）与碳排放关系的解析

首先，长三角水网城镇土地开发建设高成本高回报的特性在市场经济的中国以及方目前的房产市场完全市场化的条件下，基本无视了环境成本与经济成本的问题，是造成土地无序开发导致碳排放升高的潜在性威胁的根源。其次，尽管在一些城市借鉴了新城市主义和社区化建设的理念，但是在土地市场化的前提下造成了社会阶层的分异，造成了交通成本与行政成本的上升，间接的增加了碳排放。第三，零碎的土地和高密度的人口之间的矛盾造成城镇内部实体空间向高密度发展，而不去注意布局的生态性导致内部温度较高，风向混乱，也是造成城市高能耗运行的原因之一。另外，对用地开发建设具有指导作用的控制性详细规划在"全覆盖"设计的风潮下也客观助长了土地拍卖、批租，短期内的快速建设增加了环境压力、降低了未来土地收益、缺乏了基础设施建设，导致了环境、交通、政府基建运作等问题，助长了温室气体排放。

所以，在后续研究中，在区域网络、城镇形态的低碳化空间载体具备的前提下，针对土地开发建设的低碳化研究应集中在土地的开发控制、混合利用、内部实体的布局等方面。

---

① 中科院南京地理湖泊研究所.苏州市域空间系统规划[R].苏州市人民政府，2009.

## 第六章　认识网络

网络（Network）原指用一个巨大的虚拟画面，把所有东西连接起来，也可以作为动词使用[1]。在长三角水网地区的规划中，力求通过解决温室气体排放导致的气候变暖为起点，来实现城镇健康发展与自然环境和谐统一是一个需要多系统复合工作的过程。构成这个系统的主要要素在土地覆被上来看，就是水网系统、城镇群体和绿地生态网络，它们在低碳化建设中分别起到不同的作用。而将这些要素集聚在一起复合工作的主要手段就是三者的网络化，为了低碳环境的目标协同建设。

### 6.1　水网络

水网络即水网系统，广义上是水系，指海洋、河流、湖泊等构成的系统，多依照江河、湖泊的支流和源流逐级形成的网状结构划分[2]。在长三角地区，水网络在构成形式上主要由东海、黄海的西岸海域，长江，太湖、洪泽湖、高邮湖等大型湖泊，江苏沿海滩涂等湿地，京杭大运河、钱塘江、黄浦江等大型河流以及各城市市域内部河流组成。基本涵盖温带地区所有水网类型，是该地区生物的主要物质载体，也是人类社会的文化载体。对该地区气候、环境、社会人文都发挥举足轻重的作用。

长三角城镇的水系网络主要分为三个层次（图6-1）：

图6-1　水网三层次示意

第一层次，跨区域的东海、黄海、长江。它们是整个长三角水网系统的主干线，是碳汇聚的主要载体。

第二层次，覆盖长三角多个省市的太湖、高邮湖、洪泽湖等主要湖泊和钱塘江、黄浦江、京杭大运河等重要河流。

第三层次，长三角各市域内部的河流湖泊，著名的有西湖、西太湖、阳澄湖、苏州

① 全国科学技术名词审定委员会.网络 [DB/OL]. http：//baike.baidu.com/view/3487.htm.
② 李清宇，黄耀志.长三角小城镇水网系统健康的调控方法与途径[J].现代城市研究，2010（9）：72-81.

环古城河等。

## 6.2 绿网络

绿网络全称为绿地生态网络，在景观生态学理论中是指由绿地斑块、廊道和基质共同构成的绿地网络系统。大部分学者也认为，水网属于绿地生态网络，它与植被、农田以及人造自然景观共同构成除了城镇建设区或用于集约农业、工业或其他人类高频度活动以外的依照自然规律链接的生态空间。在长三角水网城镇中，考虑到水网具有与城镇形态、交通运输等密不可分的物质载体功能，以及控制着绿地生态系统的生长方式、延续轴线、布局结构；特别在对汇聚碳元素方面不仅可以自我溶解碳元素并且是绿网络的生命载体。所以，长三角的绿网络是指将城市的公园、街头绿地、庭园、苗圃、自然保护地农地、滨水绿带和山地等通过绿色廊道、楔形绿地和结点等纳入网络的，构成一个自然、多样、高效、有一定自我维持能力的动态绿色景观结构体系[①]。

在对温室气体的吸收与封存上，绿网络是多重绿化空间模式的结合，它改变了原有城市绿地见缝插针的单一模式，实现了多模式、多功能的转变。由市内向郊区延伸，结合区域绿地成为围绕城市的碳汇网。它包含三个层次（图6-2）：

图6-2　绿网三层次示意

（1）大地绿化。在长三角区域层面以林地、农田为基础，还包括沿海滩涂，沿江、沿湖的绿地防护网，风景名胜区，自然保护区，森林公园，苗圃、茶园等。

（2）城镇绿化。在城镇空间层面以道路绿地、滨水绿地、城市环城绿带、楔形绿地为主体，还包括各类城市公园绿地、环保绿地、防护林地等。

（3）社区绿化。在深入到城市社区层面以居住区绿地、单位绿地为主体，还包括屋顶花园、墙面绿化等弥补上两个层次生态效应难以触及的微环境。

## 6.3 碳网络

碳网络顾名思义就是排放$CO_2$等温室气体的网络，这里主要指人类为自身的生存和发展所创造的城市、乡村以及用于互相联系的道路、桥梁等。自从长三角地区进入工业

---

① 张庆费等.国际大都市绿化系统特征分析[J].中国园林，2007（7）：76-78.

化以来，水网城镇就作为碳排放的主体需要在绿网、水网共同作用下维持整个地区的碳
收支平衡。但是，必须承认的是碳网络作为人类利用空间资源最集约的形式，不容改变，
未来低碳化规划的焦点在于如何通过合理规划建设程序与方法达到降低碳排量的作用。

根据前文对长三角城镇区域空间格局和城镇结构类型的分析，该区域内现状形成一
区二轴二带多散点的网络结构，即沪苏锡常城镇密集区，南京沿江城镇轴、沿杭州湾城
镇轴，南通—泰州沿江城镇带、温州—台州城镇带及散落在外围的盐城、淮安、徐州、
衢州、金华各市等。但是随着工业化的深入和圈层结构的推进，重复率较高和碳排放较
高的工业向外围圈层转移，研究认为现有的城镇密集区将会分散，而长三角未来的区域
空间格局将向多中心、轴向化发展。因此，未来长三角碳网络的雏形将会由高速公路和
铁路网串联形成的"四轴多中心"结构（图6-3）。

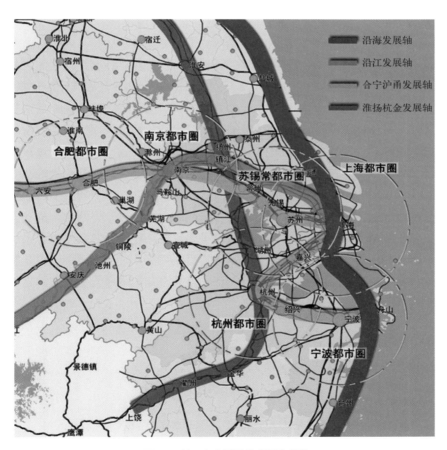

图6-3　长三角水网城镇碳网络雏形

图片来源：改绘自江苏省城市规划设计研究院.江苏省沿海城镇带发展规划（2006-2020年）.

## 6.4　网络的相互关系及低碳化发展战略

（1）水网络需要专门研究

一般规划中，将水网与绿网结合在一起统称为生态网络来进行设计。笔者认为在长

三角水网城镇，水网络需要从区域层面到城镇内部进行系统化的专门研究，这是因为：

第一，长三角丰富的水网资源与城镇快速发展的矛盾。改革开放至今，快速而粗放的工业发展导致了水环境被破坏严重，需要针对水网络制定专门的保护措施。

第二，水网城镇低碳化规划的要求。水网络对碳汇聚的能力要高于绿地生态网络，而且作为绿网与碳网的生命之源，需要进行单独的研究。

第三，水文化是该地区文化构成的一部分。古语云：北人骑马，南人乘舟。长三角地区的文化构成、城镇发展、交通运输都与水有着极大关联。

第四，与城镇形态直接相关。不同于欧美城镇以绿廊和中央公园等绿网络为主体构建的城镇与自然系统的形态关系，长三角城镇均为临水筑城、以水而生，城镇形态与水网有着相生相融的关系。

（2）三重网络的相互关系

首先，水网络是整个自然系统的核心。它既是碳网络形成、发展与生存的生命之泉，也吸收、固存二氧化碳成为自然界碳循环的最重要一环。同时，水网络也是绿网络的"生命线"，是绿网络生长的载体、发展的轴线、碳汇聚的"同盟"。因此，如果把绿网络比作长三角地区的"底"，构成了该地区的框架，水网络就是框架中的"钢筋"。

其次，碳网络是社会发展的核心。毋庸置疑，城镇化依然是该地区今后很长一段时间内的主题。不能简单的因为目前该地区城市的"高碳"特性就因噎废食，对碳网络抱着否定态度。因为，实现环境的低碳化进而完成生态城市的建设必然依靠城镇化的整体推进。因此，碳网络未来的规划发展需要建立在水网络与绿网络成功构建的基础上寻找一个可持续化的渐进式的发展模式。

第三，绿网络是低碳化能否成功的关键。绿网络上到山林，下到水生植物，包含苗圃、林地、公园、农田等多种形式，是固碳的重要载体。在长三角自然生态系统中既起到保护水网络的生态特性功能，又限制碳网络的蔓延；在人工生态系统中也是解决城市景观问题、环境问题、社会问题的主要方法。它是长三角的图底，也是碳网之间最好的填充物（图6-4）。

图6-4　三网之间的相互关系示意

（3）未来发展战略

通过对不同网络之间相互关系的描述可以看出，长三角水网城镇低碳化规划程序的第一步就是构建三种网络的复合生态系统，通过水网—绿网的共同作用，以及碳网对自身的优化回归传统自然生态的平衡局面。

首先，针对水网络进行功能区划和制定保护策略。在区域空间层面根据水网络现状问题制定相应保护措施，在城镇建设区内部不能仅仅停留在水网净化层面，需要针对滨水地段的整体系统设计恢复方法，保证水网在长三角自然生态系统中的核心地位。

其次，构建区域城乡一体化的绿地生态网络。需要注意的是在长三角区域空间格局和城镇结构基本成形的情况下，重点应在确定生态敏感地带的前提下，保护水网核心地位、保护禁止建设区，依据现有城镇空间发展结构制定区域—城镇的多级具备复合低碳、游憩、人文等功能的网络体系。

第三，明确的碳网络组织模式和组织步骤。根据水网城镇用地现状问题和碳排放情景分析的基础上进行碳网络组织研究。其范围应该包含从区域整体过渡向向城镇用地单元，其过程应该与法定规划顺序相吻合，其重点应该避免大拆大建以优化调整，明确发展方向为主。

# 第七章　长三角水网城镇发展状况

　　截至2008年，长三角地区累计碳排放量达到100亿t[①]，是珠三角地区的三倍（图7-1）。究其根源，将近60%的城市化率和超过51%的第二产业比例导致其总体能耗高、$CO_2$排放量大。而目前解决碳排放的两只手，无非是降低城镇能耗与吸收大气中的温室气体，落实到城市规划中就又涉及到城镇用地、城镇交通、水网保护、绿地系统等一系列规划分支的现状问题与综合安排方法。理清水网城镇这一巨系统中的分项，发现其中的问题，而这些问题在系统中的相互作用最终导致了温室气体排放的加剧（图7-2）。

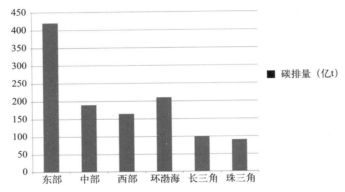

图7-1　1990年—2008年区域累计碳排放量

图片来源：国家统计局国民经济综合统计司，2010.

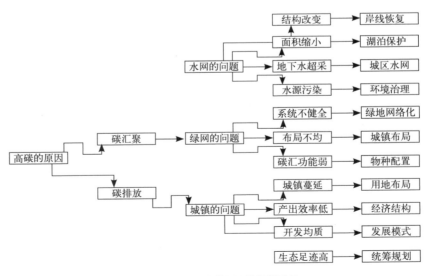

图7-2　引起碳排放原因的逻辑引导

---

　　① 刘占成，王安建等.中国区域碳排放研究[J].地球学报，2010（5）：727-732.

## 7.1 土地利用

### 7.1.1 城镇无序蔓延

改革开放以来的水网城镇建设用地持续扩张，相关资料显示，截至2006年底，长三角地区建设用地占国土面积比例（不含水面）已高达17.4%，上海建设用地比例高达35.9%，江苏和浙江两省分别达18.9%和8.13%，是美国建设用地所占比例5.05%的近2.5倍，也高于英国的14.4%，而国内建设用地所占比例的平均水平仅为3.13%。具体到以苏州为例，1980年代中期苏州市域建设用地面积约为555km²，20世纪末为1880km²，而2008年的数据为2365km²，是1980年代的4倍。

这些新涌现的建设用地无一不是单一用地性质的地块组成，基本为：居住区、工业园区、政府学校组成的公共服务区等。由于这些用地功能限定、设施不足、难以满足人们日常需要的各种活动，工作、居住者们只能靠汽车出行，无形中加大了这些地区的碳排放。同时在微观层面，由于新开发用地时间短、难以形成社区，地块之间都以明确的围墙为界，无形中增加了绕行距离。根据遥感数据，长三角水网城镇建设用地围绕城镇建成区的圈层式与主要交通通道的带状无序蔓延还在持续。

### 7.1.2 土地开发强度高产出率不理想

尽管上海市的建设用地产出效率接近5亿元/km²，但是与发达国家相比，荷兰为5.5亿元/km²，日本为9.4亿元/km²仍有差距[1]。如果比较土地开发强度，上海为35.9%，荷兰为12.8%，日本仅为7.9%，不难发现上海的高开发强度没有发挥出理想的产值。同时，工业用地在上海2400km²建设用地中占1000km²左右，而居住用地约为700km²。按照工业用地与居住用地最高1：1的比例标准，上海工业用地规模已超警戒线。相比长三角地区其他城市的情形则更不理想，例如同处核心圈层的苏州以37.34%的开发强度产出3亿元/km²的产值，而处在外围圈层的盐城15%的开发强度产出0.7亿元/km²的产值[2]（图7-3）。由此可见，高开发强度没有带来高回报，长三角地区的产业发展在多数地区依然没有摆脱低端加工和粗放型的影子，碳排放的高数值自然也容易理解了。

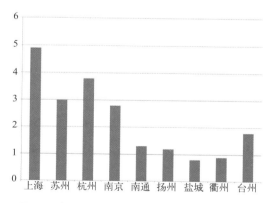

图7-3 长三角部分城市建设用地产出效率（亿元）

① 中科院南京地理湖泊研究所.苏州市域空间系统规划 [R].苏州市人民政府，2009.
② 史丽霞.水系与水乡城镇空间发展规划研究——以姜堰市溱潼镇为例 [D].南京：东南大学，2006.

### 7.1.3 空间开发较为均质造成无序发展

城镇化的过程必然伴随着其他社会经济要素的分散与集聚。20世纪八九十年代的乡镇企业成为周边地区快速发展的主要动力是长三角水网地区的发展特色，这种多种所有制类型、多层次的空间发展致使中心城市与周边城镇单位产出值类似甚至发生倒置，长三角地区均衡化发展成为该地区重要特征，并且与Peter Hall认为的城市化必然经历的6种阶段模型相悖。具体到城市，周边城镇增长超过中心城市的有上海、苏州、无锡等；基本持平的有杭州、常州、嘉兴、台州等；苏北各市及扬州、南京等还是中心城市增长为主[①]。

这种城镇多中心同步增长的模式在21世纪初就造成了长三角地区建设用地的逐步连绵，伴随着大量外资的注入以及各类工业园区、居住区的开发，原本中间空置的用地也被填满，这种无序的同步发展造成对城市土地的争夺和大量的重复建设，既是对土地、环境、资源的极大浪费，也是造成大量温室气体排放的罪魁。

### 7.1.4 城镇建设缺乏统筹，生态足迹高

由于一切以经济建设为中心却缺乏环境兼顾的片面发展，使城镇建设缺乏统筹，建设用地侵占了大量生态敏感地带。仅太湖流域，截至2007年，重要生态保护区内的建设用地就达250km² 左右，其中城镇建设用地最大占到一半，道路与工矿开发共同占据另一半（表7-1）。而且分布其中的大量道路、管线等线性基础设施和分散的农村居民点增加了土地破碎度，对景观连续性和区域生物多样性都造成了极大影响。陈雯等认为[②]，按照美国对都市区建设用地占土地面积要求，50%为警戒线。结合环境、生态承受能力，目前长三角建设用地比例已达到极限。按照世界环境和发展委员会（WCED）的报告《我们共同的未来》，应该留出12%的生物生产土地面积以保护生物多样性。长三角核心圈层目前的生态足迹高达2.45hm²/人，以此测算应该将人均生态承载力减少到0.18hm²/人，因此生态赤字十分巨大。

**太湖流域生态保护区建设用地侵占统计**　　　　表7-1

| 类型 | 城镇占用 | | 工矿占用 | | 道路占用 | |
| --- | --- | --- | --- | --- | --- | --- |
| | 面积（km²） | 比例（%） | 面积（km²） | 比例（%） | 面积（km²） | 比例（%） |
| 森林公园 | 2.88 | 60.81 | 0.8 | 16.74 | 1.04 | 22.45 |
| 风景名胜区 | 32.92 | 71.09 | 7.16 | 15.43 | 6.24 | 13.48 |
| 水源保护区 | 2.68 | 57.77 | 0.84 | 18.04 | 1.12 | 24.19 |
| 渔业水域 | 0.04 | 0.42 | 7.4 | 88.21 | 0.96 | 11.37 |
| 重要湿地 | 28.36 | 41.09 | 16.44 | 23.84 | 24.2 | 35.07 |
| 清水通道 | 7.92 | 60.24 | 2.32 | 17.70 | 2.92 | 22.07 |
| 公益林区 | 0 | 0.00 | 0.32 | 78.11 | 0.08 | 21.89 |
| 水源涵养区 | 0 | 0.00 | 0.64 | 59.51 | 0.48 | 43.39 |
| 总计 | 74.8 | 50.62 | 35.92 | 24.33 | 37.04 | 25.07 |

资料来源：根据各地相关统计资料整理

---

① 张尚武.长江三角洲城镇密集地区空间形态发展的整体研究[D].上海：同济大学，1998.
② 洪银兴.长江三角洲经济一体化中的范围经济[D].宁波通讯，2008（3）：24-25.

### 7.2　水网形态

#### 7.2.1　水网结构改变

城镇化进程加快了人与水的疏离，城市建设从以"水系为轴线发展型"变为"同心圆圈层扩张型"。水网结构的改变，一方面源自不合理的水利工程。这些工程破坏了区域水文的完整性，使河道湖荡水体恶化、湿地资源破坏，水体纳污、容污及自净能力不断下降。例如苏州建城2500多年，城区水系基本未变，水陆并行，河街相邻，直至20世纪70年代，因大运河改道工程，切断胥江，使苏州环城河水系失去70%来水。再加之东太湖81个小口门被水利工程控制，导致苏州环城河日渐水流停滞，河道淤积，水质恶化，河流萎缩。

另一方面原因是圩区的盲目建设。由于长三角不少地区地势比较低洼，常受洪水威胁，自古以来以"水来土挡"，筑堤建圩作为防范措施，后来加上盲目围湖种植，围湖养殖，即将大片洼地分隔成大大小小的圩区，其结果对水网结构造成了很多不良影响：

（1）筑堤围湖增加了防洪排涝的实际成本。如太湖全流域共建圩498个，其中除两个为蓄洪性质的外，其余全系非蓄洪性质的围湖利用。这些圩区建成后，圩内非但不能蓄洪，而且圩内一旦涝渍还需依靠泵站向外排水，不但增加了圩区内的生产成本，而且降低了流域排洪和蓄洪能力，加重了下游地区的防洪负担。

（2）筑堤建圩削弱了原有水系的调蓄容积。若干个圩区的设立，切断了原有水系通连的河道，阻隔了圩内外水源的交往，因而加速了圩内湖泊的消亡。有的圩区位于湖泊下游的排水末端，因过水断面缩减，行洪不畅，甚至阻洪碍洪，打乱了原有的水系格局，导致局部地段水情改变。

（3）筑堤建圩破坏了水系的自然结构，表面上看圩区仅仅是改变了原有水系的运行，实际上它改变是整个生态环境，必然对水产资源的自然增殖、湿地的生态平衡和湖泊的自然风光等方面产生不同程度的负面影响。

#### 7.2.2　水面面积缩小

城市扩张伴之大规模的基础建设，使人与水争地的矛盾异常突出，水系不断遭到人为破坏，河道数量和长度逐年减少。再以水城苏州为例，明朝时期苏州城内河道最长，此后河道不断被填塞，长度不断在缩减，水面率不断在下降，擅自侵占、填堵、束窄河道的事件不断在发生。这种趋势一直延续到现在。据记载：1950年至1985年太湖流域由于围湖种植和围湖养殖等，共建圩498座，面积528.55km²，占新中国成立初期原有湖泊面积的13.6%（图7-4）；涉及的湖荡共239个，其中因围湖利用而消失或基本消失的湖荡165个，合计面积161.31km²。1986年至2000年，苏州湿地面积减少854.70km²，减少率为11.9%[1]。

在长三角，天然湿地主要减少的是湖泊湿地面积，人工湿地主要减少的是水田面

---

① 同济大学.苏州市生态城市规划大纲[R].苏州市人民政府，2004.

积。太湖、滆湖、高邮湖、洪泽湖等主要湖泊原有大片过渡带湿地，因填埋、围垦围养、岸线硬化处理及其他不利于湿地保护的建设行为，致使湿地滩涂面积锐减。根据影像判析，1991年到2001年的十年间，苏州黄天荡水面基本消失；从1998年到2003年，沙湖水面面积迅速减少，并有消亡的可能性；从21世纪初以来，随着园区面积的扩大，金鸡湖和独墅湖的面积也在快速减少，特别是独墅湖的面积减少更快；澄湖西北部的水面也受到城市用地的蚕食。

图7-4　20世纪90年代太湖地区围湖情况
图片来源：参考文献［178］

### 7.2.3　地下水源超采

随着城镇化推进和经济快速发展，一方面地面水系遭受损坏，水质水量下降，另一方面对水资源的需求量不断增加，因此一些地区和企业大量开采地下水源以保证供给。地下水源的过量开采，以及高大建筑群的涌现，极易造成地面沉降，一些地块开始出现不正常的"沼泽化"现象，城镇积水，有水难排。上海市自1949年以来累计地面沉降在600mm的面积已达1000km²，最深处达2.6m。由于当地农村地面高程一般不足3m，地面沉降使一些村内水面低于周边水面，增加了内涝威胁和排涝费用。同时地面沉降对高架道路、桥梁隧道、轨道交通、城市地下管道建设等都会产生不良影响。客观上增加了人力成本、建设成本，增了碳排放。

### 7.2.4　环境变化与水源污染

长三角地貌主要分为三种：平原地区、湖荡地区和山地丘陵。城市的快速扩张挤占乡村土地，并不断向生态敏感区如沿海敏感区、长江生态敏感区、沿湖生态敏感区、湖泊生态敏感区、山地生态敏感区推进，由于缺乏天然地形门槛对生态敏感区的保护，在快速发展时期，这些地域面临城市用地扩张的巨大威胁。大量的湖荡、河网得不到有效的保护，作为该地区一种重要的生境类型正受到城市扩张的影响。大量湿地的围垦和高强度的水系改造，导致防洪排涝能力和自净能力下降，湿地的生物资源和生态环境遭到破坏。

由于地势平坦和人为控制等原因，造成河道流动不畅，水流运动规律复杂。在内城区，受闸、坝等人为因素影响，大部分河流呈滞流状态，成为死水区，水体污染使河道功能发生变化，一些河道自然生态功能基本丧失，既不利于水生动物的繁衍与迁徙，也不利于河道水质的改善。同时采取"疏围结合、以围为主"的治水理念和工程措施，限制或改变了水的自然流态，降低了大范围的水体质量，削弱了水体的净化能力。在湖、河边湿地和浅水区深挖取土，水生生物包括微生物的生存条件被不同程度破坏和剥夺，生物链遭受断裂，降低了水的自然生态修复能力。

此外，长三角水系功能混杂，清水系与污水系相互连通，一方水体受到污染，常常殃及整个水系。水源污染、水产过度养殖以及乡村经济粗放型发展大量污水直接入河，这些因素都使水系的水文条件受到破坏，生物多样性不断减少。随着城镇化进程的加快、陆上交通的迅速发展和现代工业的大量建设，以及城市用地的扩展，不少河道、滩地被填埋或改道，水系受到很大冲击，造成水系调蓄功能降低，加速了水系污染和沼泽化趋势。

## 7.3　绿地建设与发展

### 7.3.1　绿地系统不健全

绿地系统不健全主要表现在三个方面：

①绿地分散缺乏有机连接。目前，城市绿地系统主要由两大块构成，即专用绿地和公园绿地。值得注意的是，这两大主体之间缺少有机联系，尤其在建成区内，绿地之间的网络连接度不紧密，相互分隔，自成一体，不成系统。分析原因，除了初期规划存有不足外，还有就是承担绿地网络联结功能的街道绿地所占比例不高，未能有意识发挥其联结城市绿地的"桥梁"功能，以形成完善的网状都市绿地体系。

②绿地面积普遍不成规模。按照相关规定城市大型绿地面积要达到3000m²以上，但是部分城市，尤其在老城区大型绿地面积普遍不足，远远达不到规划要求。以上海城市绿地布局情况为例，十个中心城区仅有大型绿地150余块（杨文悦等，1999），而且

大多呈分散状沿内环线边缘分布在中心广场和公园，内环线以内大型绿地则更为缺乏，面积也不如内环线以外的面积大。小块绿地大多位于交通环线与干线两侧，多数呈孤岛状。大小绿地、内环线内外绿地、及道路绿地之间同样缺乏系统连接，未能形成规模性，形成有机的城市绿地网络。

③绿色廊道有待完善提高。市域范围内绿色生态廊道主要以防护林带、生态林、经济林等为主体。相当部分城市在规划和建设中，对绿化廊道建设的随意性较大，没有系统地整体地加以重视和考虑。而且现有廊道之间互相分隔，通联度需要进一步提高。不少城市规划建设的绿色廊道，仅仅是一块街道绿地，甚至是一排行道树，其宽度远远达不到规定要求，也不能发挥绿色廊道的实质性功能。绿色廊道作为绿地生态系统的重要部分，必须引起足够重视。

### 7.3.2 绿地布局不匀衡

由于历史和现实的原因，不少城市绿地在城市中的分布存在严重不匀衡现象。有的城市公园绿地服务半径过大，人满为患，成了稀缺资源；有的城市部分地区没有规划绿地，存在绿化盲区，成了真正的"水泥森林"；有的地方绿化林业发展滞后，导致整体上绿地布局不平衡。以上海为例，从市区绿地分布情况看，浦东新区、嘉定区、松江区、宝山区和金山区的人均公共绿地面积均超15m²/人，绿地覆盖率亦高于市区平均水平。而位于中心城区的静安区、卢湾区和黄浦区，人均公共绿地面积仅均1m²/人左右，绿地覆盖率亦远低于市区平均水平，不仅公共绿地少，居住区绿地和附属绿地也相当少[1]（表7-2）。

2005年上海部分行政区人均公共绿地比较　　　　　　　　表7-2

| 行政区 | 人均公共绿地面积（m²/人） | 行政区 | 人均公共绿地面积（m²/人） |
|---|---|---|---|
| 黄浦区 | 1.36 | 浦东新区 | 24.41 |
| 卢湾区 | 1.51 | 宝山区 | 17.37 |
| 徐汇区 | 4.47 | 嘉定区 | 24.40 |
| 静安区 | 0.92 | 金山区 | 15.64 |
| 虹口区 | 1.75 | 松江区 | 16.62 |

资料来源：上海市统计局编.上海统计年鉴2006[M].北京：中国统计出版社，2006.

剖析上海的情况，可以找到一些共性原因：

①一般城市的新建区，由于规划比较完善，土地面积大，且待用闲置土地占有相当数量，这些土地本身就是由大面积农林植被和自然植被构成，一旦进入城市规划区内，自然而然被"升级"为城市绿地。有的地块或是净地，也无需花很多投资，就能为建造城市绿地提供了客观可能，它们往往是规划大型城郊楔形绿地和公共绿地的首选区域。

---

① 张浪.特大城市绿地系统布局及其构建研究——以上海为例[D].南京：南京林业大学，2007.

②一般城市的老城区，由于历史遗留等因素影响，区内绿化面积达不到现代城市的建设要求，要改变这种现状，需要地方增加很大投入。不少城市对此是心有余而力不足，宁愿在新建区锦上添花，也不愿在老城区雪中送炭。不过，上海在这方面进行了积极探索，坚持把老市区作为绿地规划中的重点区域，采取"中心组团分布城市空间结构"发展模式，努力使城市绿化系统趋向平衡发展。其中不少方面值得其他城市借鉴。

### 7.3.3　碳汇功能弱

区域层面的长三角还没有形成成体系的绿色生态网络，城镇与水网之间的绿色植物填充主要是碳汇能力不高的经济作物。而区域中的大型斑块如大丰国家自然保护区、上海崇明生态旅游岛、千岛湖国家级森林公园等，除了提供水生生物生境、供鸟类迁徙外，因为网络连通度低，绿化布置还没有对区域环境产生明显的生态作用。

在城镇周边，主要存在绿地系统不均匀的块状分布和网络化没有形成，导致难以发挥对碳汇聚的整体作用；同时，由于各城镇对绿地建设的思路停留在景观性、生活性上，植物种植以观赏性、经济性为主，而对碳汇能力较强、利于野生生物定居迁徙的大型苗木除各地森林公园外则种植较少。

在城镇内部，各种功能的用地之间缺少缓冲廊道或仅仅是以低矮灌木为主，如城镇交通道路与居住区之间、工业区和生活区之间。这些沿路及不同用地之间的缓冲带的建设应该根据不同等级建设相应宽度的苗木绿化缓冲带，并形成城镇内部的绿地生态网络，与水网形成城镇碳汇、通风的共扼关系。

# 第三部分　覆盖城乡的低碳化网络

低碳化的实现是一个长期的系统工程，属于生态城市规划的一个方面，也是生态城市实现与否的一个重要检验指标。低碳化的规划建设在横向上需要城镇化的推进、以煤炭石油为主的能源结构的改变、新技术的开发、人们高碳生活方式的转变和与城市低碳化规划有关的制度创新与立法，是一个需要国家间合作和不同学科间相互交叉研究，可能需要百年才能完成的命题；在纵向上，在具体规划的操作层面也绝不仅仅是传统的区域—城镇—用地的树形规划模式，而需要网络化的针对城镇建设用地、绿地生态网络和长三角地区水系网络进行系统衔接，形成低排放、高吸收的复合生态系统。同时，必须注意到网络的延展性、层次性、关联性的特点，链接不仅仅是区域层面的内容，必须与各城镇单元内部相连通，尤其是水网与绿网，来保证生态作用的最大化。因此，根据前文对长三角地区水网城镇区域层面和城镇范围的系统分析，土地覆被的网络化认识及现状研究中所反映的问题，针对水网络、绿网络和城镇建设用地进行从区域整体到城镇内部的网络分解与重构研究，力图首先在整体层面实现框架上的低碳化。

秉承低碳化的最终实现必须在城镇落实的观点，承接三种网络构建后的网络在城镇内部融合的研究，主要分为以节能高效为目的的城镇外部空间形态优化和以增加城镇宜居性、居民舒适度为目的的内部实体形态优化两部分。

在确定长三角水网城镇的低碳化外部形态必须与水网结合，保证绿网规模、发展轴线依据公共交通线路确定、形成城镇—组团—地块的层级模式的原则之后，在总体上研究了城镇规模宜居密度控制的合理性及城镇形态的引导方法；在水网、绿网与城镇建设用地的融合上研究了水网的进化方式和利用绿网的"磁力"进行组织布局的方法；在重点适应不同城镇的优化方法中，研究在确定实施程序与控制方法的基础上以长三角区域空间格局为基础，分别对环太湖都市密集区、沿江杭州湾都市密集区、外围一般城市和小城镇做了形态优化方法的探索；最终在地块开发建设层面，以动态性的规划编制方法，低碳化的地块尺度、混合化的地块居民三层次的研究确保城镇外部空间形态的低碳化。

在城镇内部实体空间的低碳化研究中，首先对由水网、绿网组成的开敞空间，公共空间、人工环境即建筑空间这三种构成城镇实体空间的主要要素进行探索。研究确定开敞空间在城镇层面、组团层面、地块层面不同的低碳化控制指标；并根据公共空间人流集中性的特点，针对不同季节提出了公共空间设计的要点；同时将城镇人工环境分为实体组成要素、建筑组合和建筑元素三层面提出了低碳化规划设计方法和原则。其次，在实体空间优化方法的研究中紧抓长三角气候环境条件这一核心要素，通过适应该地区自然生态特点的地块选择、结构密度、街道网络、开敞空间和建筑实体的设计方法研究最终完成本章节关于城镇形态优化的主要内容。第三，研究探索了宜居性图像的建立来对城镇实体空间设计是否保证居民舒适性、环境低碳化进行检验，来确保规划设计的合理性。

　　本部分基于整体观的视角，将长三角分解为由水网、绿网和碳网组成的系统，并分别针对不同的网络从区域范围到城镇单元进行低碳化的构建研究。明确水网作为自然生态系统的核心，在功能区划的基础上，提出了具体的保护措施与方法。同时在城镇范围内划定水系廊道的空间并组织交通。其次，明确绿地生态网络是低碳化能否成功的关键，对国内外著名地区、城市绿地系统的布局结构和模式进行分析比较，提炼出针对不同区域、城镇结构形态的参考原型，并落实到长三角区域和城镇绿地生态网络建设中去。第三，明确碳网络是社会发展的核心，是低碳化规划的最终落脚点。通过碳排放计算，研究预测了未来情景并确定了基于交通组织的未来城镇的低碳化发展方向，由区域公交引导的城镇走廊和由社区化组织的城镇单元共同建立的水网城镇碳网络的理想模式，并制定了组织步骤。

　　本部分的研究由于网络本身连通性和衍伸性的需要跨越区域空间和城镇单元两个层面。在指导思想上确定以水网为核心的组织体系；在规划实践上强调分项研究，整体重构，地位平等。也就是说将区域整体分解为水网、绿网、碳网进行分别研究；在其组织构建上要以环境低碳化为最终目标整体考虑与其他网络的相互关系；并由于不同要素在网络间的相互影响，相互作用，缺一不可的原因，三种网络在规划中的地位是平等的，不存在上下级的关系。

　　网络构建的目标是区域环境的和谐统一，在上级层次首先实现整体框架上的低碳化。其最终归宿还是要延伸到城镇内部实现网络之间的互相融合，在人类从事居住、生产、生活的原点实现低碳化的目标。

## 第八章　水网络的评价与保护

　　水网络的规划与治理是一个上关区域生态、下关城镇形态，直接决定低碳化能否成功的大问题。针对水网的规划保护必须在系统论的指引下区分不同层面、不同情况、不同要点分别进行研究。在区域层面的规划上，由于水网本身的整体性决定了不同地方政府的执行力度的差异难以保证规划的统一实施，应当摒弃强制性的具体安排和用地布局，而应注重在网络形成贯通的基础上，对水网保护方法的指导；在城镇层面，重点是对水网空间的规划设计，实现水网空间的功能多样、网络畅通、交通友好，最终成为城镇内部的景观通廊、碳汇网络、交通轴线。

### 8.1　水网络对环境的重要影响

#### 8.1.1　对于区域整体，强大的碳汇作用

　　水网络的一个主要功能是碳汇作用。其有利于植物生长的得天独厚的条件借助所形成的整个生态系统的功能，利用水的碳汇功能、水生植物的光合作用把大气中过量的二氧化碳以有机物的形式固存。尤其在沿江防护林、江苏沿海滩涂和浙江西部山林，碳富余的产量埋藏在沉积物中，可以储存千年之久，是一种最强大的自然碳汇。

#### 8.1.2　对于城镇内部，减少温室效应产生的概率

　　中国古代的风水理论较早论述了水对城市气温的调节作用，例如"风水之法，得水为上，藏风次之"，"气之来，以水导之，气之止，以水界之"等。当前科学研究的成果则明示了水对城市气温调节的作用。首先水与地面相比比热较大，因此水面上空气温度相对较低，由于热循环的作用由水域吹向城市的冷风是稳定城市温度的主要方式（图8-1）。其次，水网中水分子的分解产生负离子具有提高城市空气质量的作用，以及保证水面与周边地区的空气湿度。

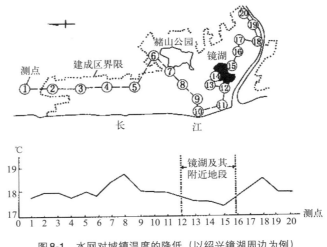

图8-1　水网对城镇温度的降低（以绍兴镜湖周边为例）

水陆风的形成是由于水网与陆地受热不均导致热压变化形成的日间由水面吹向陆地，夜间由陆地吹向水面的循环风。其范围较为有限，以沿长江城镇为例，距江面15km内相对较小的范围内日均温度变化较大，范围之外影响就很小了。同时，跟水面面积关系较大，水面积即可蒸发面积从20%提高到50%时温度可降低3℃[①]。对于长三角水网密布区，自古形成的沿河流两侧建筑房屋街道，栽种树木以流动水面带动的气流是形成水陆循环、提高空气质量、降低温度的有效手段。而目前长三角城市，为了塑造华丽的滨水景观，得到更多的房产利润，将高层建筑鳞次栉比地布于岸边，阻挡了城市与水面的水陆风循环，对这些高楼之后的地段非常不利。

### 8.1.3　对于地块建设，提高环境品质

人类的亲水性决定了水具有修身养性、缓解压力的功能，水网的价值既可体现在优化城市环境、提升城市形象上，又可体现在发展城市经济、提高土地价值中。在长三角城镇中心区，滨水地块往往是具有较高投资价值和利润回报的，此外，城市滨水天际线也是城市规划中需要着重考虑与设计的地方。在小城镇，水网地段是承担了开敞空间、生态空间的重要职能，同时是发展生态农业、生态经济的重要场所。

## 8.2　区域水网络功能区划与保护

### 8.2.1　功能区划

在区域层面，为有效地保护水网络，应根据水系的功能进行区分，并确定相应的保护要求和范围。研究认为长三角水网络按照水系的功能、受保护程度划分为特殊保护水系、重点保护水系和一般保护水系。

（1）特殊保护水系主要指饮用水源、生态敏感区等水域，包括沿海海域、长江、太湖、洪泽湖、钱塘江、西太湖、骆马湖、千岛湖、天目湖等。

（2）重点保护水系主要包括备用水源和主要景观水体。如京杭大运河、黄浦江、苏州河、金鸡湖、尚湖、通洋河、石梁河水库、椒江、长潭水库等。

（3）一般保护水系是指除上述两种类型以外的其他水系。

在城镇密集区内部，由于部分河流已受污染、工业化的影响和污水排放的需要，难保证水网的整体恢复。需要划定排污河道和清水河道来确保生产生活的进行，此外把一些水质要求不高的河道划定为区域性的排污河道，该地区产生的污水经妥善处理后由这些河道统一排放，也可以避免污水无序排放造成水网交叉污染。清水河道属于城市水源引水工程，是需要加以特殊保护的河道。排污河道主要是区域内城镇污水的主要排污河道，或在其沿线已布置或即将布置污水处理厂。

基于上述原则，在对水网络进行保护时，应首先区分水系的功能，根据水系的功能特征，确定保护要求和范围。

### 8.2.2　保护措施与方法

（1）水系沿岸生态用地要求

合理的水岸规划建设能为水生生物提供栖息地，复合水体与植物的碳汇功能，同时

---

① 王鹏.建筑适应气候——兼论乡土气候及其策略[D].北京：清华大学，2001.

增加岸边植物多样性，并且还可为居民提供休闲、娱乐环境。为保持水网络的自然景观和文化价值，恢复城市的水网生态系统，维护水系原有的曲折多变的岸线，以此为基础营造优美的水域空间形态，具体措施包括：

第一，合理利用沿海、长江岸线资源，保护沿岸的天然景观资源，加强对沿海、沿江湿地和水源地的保护，建成平均宽度达1500m的绿色生态廊道。

第二，除沿海、沿江外的特殊保护水系设立200～1000m的绿化隔离带，并划定沿水系纵深1km为控制区，可建设湿地功能保护区和湖滨防护林。沿水系纵深300m的范围内除公共绿地、游览地外禁止一切建设。300m以外的地区，除休闲、生态旅游、度假设施以及底层、低密度的住宅外，禁止其他项目建设。沿水系建设不得破坏生态敏感区的防洪、排涝能力和自净能力，不得破坏生物资源和生态环境。

第三，在重点保护水系的两岸各设置平均宽度不低于50m绿化带，体现其绿色和生态廊道的作用。一般保护水系河道两岸绿化带的总宽度为20～100m。河道两侧绿化带的建设应点线结合，以河道为依托的绿带与道路绿化带一起形成贯穿区域的绿化系统的轴线，并与城市生态林带、街头公园和城市公园有机串联，形成富有长三角特色的绿色景观网络。

第四，岸线的处理要考虑从水利工程治理向生态修复和改善转变，对河道和湖泊岸线采用生态护坡工程，尽可能实现水系的"亲水"生态效果。

（2）水环境治理

由于长三角大部分地区地势低平，水网密布，水污染治理难度比较大，除了建设必要的污水处理设施外，还必须建立完善的污水收集和输送系统。水污染治理应采用集中与分散处理相结合，强化污水处理配套设施同步建设。污水处理工艺的选择应考虑对氮磷的去除，以减少水体富营养化。在对污水进行治理的同时，还要考虑采取节水减污和污水回用等措施，节约用水和污水回用不仅可以节约水资源，也有利于减少污水管网和污水处理设施的规模。同时引导现有产业向清洁化、生态化转变，发展技术含量高、能耗物耗少，轻污染和无污染企业，以减少受纳水体的污染负荷，改善水质性缺水的状况。

加强对水源地的保护。严禁在水源一级保护区内建设与供水设施和保护水源无关的项目，作为水源地应消除或减少高密度围网养殖，禁止污染性项目进入该区域，适当扩大原饮用水源保护区的范围。并可以考虑从特殊保护水系与重点保护水系引水来改善内河水系的环境质量，引清导污不仅可提高水系的生态环境价值，还使得水环境容量在空间上得到合理分配。

（3）湖泊保护与利用

湖泊在自然演变过程中，泥沙的淤积、洲滩的增长是不以人们的意志为转移的客观规律。围湖利用是在一定的湖泊自然条件基础上，经人为的筑堤建圩活动而形成的与湖争地现象。在适应自然环境变化的前提下，利用滩地资源和合理地建圩不仅可增加种植和养殖的面积，扩大农副业生产，而且也为城镇的发展提供建设用地。因此对湖泊的利用，应充分考虑对水系造成的影响，特别是对防洪排涝和生态环境功能所带来的不良影响，权衡利弊得失，在此基础上制订出切实可行的湖泊保护与利用对策。而在一些洪涝灾害比较严重的地区，实施退田还湖或退田还水工程。通过扩大湖泊面积以及河道清淤，增加蓄水量及调蓄容量，减小洪涝灾害威胁。

（4）城区水网保护

全面整治水系，拓宽、加深束水河段，保持宽窄有致，收放有度的河道形态。保障水系的完整、畅通，定期对河道清淤保洁，保持水面清洁。河道内现有排污口逐步取消，实行污水集中处理，不得擅自向河道内排放污水、倾倒垃圾和设置水障碍物。

在重点地区应当恢复骨干水系。不得占用、破坏或者填埋、堵塞、缩小现有河道。新治理河道沿河应当设置必要的保护范围。保持原有驳岸、古桥等河道设施完好，新建的驳岸、桥梁不得破坏传统风貌，充分体现水系的亲民特性。游览河道两岸开辟园林道路，减少和控制"路夹河"。精心设计河道及两侧的景观，沿河建筑高度与形式保持与河道景观相协调，保持路、河、建筑的传统格局和空间尺度。

实施城市引水工程，提高水体稀释和自净能力，改善河道水质，使之达到景观水标准的要求。

## 8.3 城镇水网络空间恢复

### 8.3.1 城镇水网空间的划定，保证生态功能

建立多功能水系生态网络，实践表明这是合理划定城镇空间与水网空间行之有效的方法。当前，江南水网地区的城镇空间与水网空间划定，多以城市主要道路或者生硬拼接一段空地相间隔，全然不顾水陆风之影响，导致水网空间与水体空间缺乏有机联系。空间的隔阂，既阻滞了水网生态功能发挥，也损坏了城市景观环境建设。因此，建立多功能水系生态网络需要引起足够重视和研究。

多功能水系生态网络是指一个由河流串起一系列小型自然斑块，并连接几个大型自然斑块的整体布局和景观结构[1]。在城镇密集区，可以综合考虑把与河岸栖息地相关的、天然河道所需的范围划为水系生态网络的基本范围，它应包括：滨河带，沿河植被、栖息地、蓄滞洪区及湿地等自然地带，形成串珠状的河流走廊。

具体划定水系网络空间（表8-1），从综合情况分析，拟推荐的做法是：从现有城市河流河道缓冲带宽度范围每边岸线后退6～60m，后退平均宽度为30m。同时划分三个水平区域：滨水区、中间区和外部区，每一区域发挥不同功能，具有不同的宽度、植被和管理内容。分区及宽度的确定要结合考评洪泛区、邻近陆坡及湿地保护区等因素。除此之外，还要虑及河流在城市生活中的亲水性要求、植被地带的车辆交通、城市游憩功能发挥等。从表8-1中可以看出，当沿河植被宽度大于30m时，就能有效地降低温度，增加河流生物，过滤污染物；当宽度大于80～100m时，就能有效地控制沉积物及土壤元素流失[2]。

① 车生泉.城市绿色廊道研究[J].城市规划，2001（11）：42-46.
② 俞孔坚，李迪华等.反规划途径[M].北京：中国建筑工业出版社，2005.

不同学者对城镇水网岸线宽度的建议　　　　　　　　　　表8-1

| 作者 | 发表时间 | 宽度 | 说明 |
|---|---|---|---|
| Brazier 等 | 1973 | 11 ~ 24m | 水网及两侧植被可有效降低城镇温度5 ~ 10℃ |
| Corbett 等 | 1978 | 30 m | 使河流生态不受土地变化的影响 |
| Budd 等 | 1987 | | |
| Peterjohn 等 | 1984 | 16 m | 有效过滤硝酸盐 |
| Steinblims 等 | 1984 | 23 ~ 28 m | 河流及两侧植被有效将低温度 |
| Cooper 等 | 1986 | 30 m | 防止水土流失，过滤污染物 |
| Cooper 等 | 1987 | 80 ~ 100 m | 有效减少沉积物 |
| Gilliam 等 | 1986 | 18 ~ 28 m | 涵养水源，截获泥沙 |
| Lowrance 等 | 1988 | 80 m | |
| Erman 等 | 1977 | 30 m | 增强河流岸线的稳定性 |
| Keskitalo 等 | 1990 | 30 m | 有效截留氮素 |
| Correllt 等 | 1989 | 30 m | 有效控制磷流失 |
| Rabeni 等 | 1991 | 23 ~ 183 m | 美国国家立法、控制沉积物 |
| Brown 等 | 1990 | 213 m | 美国国家立法、控制沉积物 |
| Peterio 等 | 1984 | 19 m | 美国国家立法、控制沉积物 |
| Erman 等 | 1977 | 30 m | 控制养分流失 |
| Budd 等 | 1987 | 15 m | 控制河流浑浊 |

资料来源：参考文献［120］

图8-2　城镇水网后退示意

从生态学角度得出合理的城市水系网络宽度，不等于就能付诸实施，事实上，目前大多数城市建成区中的滨水地段，要求平均退到30m以上，几乎不太可能。笔者认为可以参考美国芝加哥城市河道规划对沿河绿带的要求（图8-2），将水网地段分为三个区域：①水岸区：位于水体边缘和水岸顶部之间；②滨水绿带：介于水岸顶部和后退红线之间；③建设区：后退红线后的区域，即对新开发项目离河水距离的最小要求。其"发展规划和设计大纲"中，规定滨河新建建筑后退芝加哥河的红线距离最小为9m，凡退后不足9m的建构筑物，必须在邻近退后区和城市绿带提供公用空地来补偿，并要求沿河公共空间的损失，补偿数量应为占用退后区土地面积的2.5倍，同时要求地块长度与正对河面的宽度比为2：1。划定城市水系网络宽度，需要各地着眼长远，制定硬性的规划要求[①]。

8.3.2 城市水网络的设计，与绿结合的景观轴

城市水系网络设计，应根据各地不同情况，因地制宜设计不同方案。河滨带、植被绿径、栖息区等沿河设计，必须结合自然条件，包括河道自然形态、城市原有机理以及整体图形感，既要控制好实体功能关系的发挥，还要注重视觉渗透的整体布局。

如果河道自然形态较为规整，可用直线加以抽象概括，此时要特别注意与原有城市轴线产生联系，情况允许甚至可以其为主要轴线，进而确定整个城市或城市某一区域的规划，由此也比较容易进行端景视点控制。以确定轴线进行城市规划的例子很多，早在东汉末年，武汉便利用与长江水道相垂直的轴线进行整个城市的规划组织，在这座古城中，利用龟山、蛇山等自然要素沿正对的轴线依次设计了视觉焦点黄鹤楼，最后形成了一条非常壮观的城市轴线（图8-3）。现代长三角也有同样的例子，宁波甬江沿岸的规划建设中，也是以甬江和与之相垂直的绿径作为轴线进行设计的（图8-4）。该规划的实施促进了城市南北交通，有力振兴了城市经济。这项工程包括扩建河岸堤坝、抬高新建道路、新建桥梁跨越滩涂区。当时为了取土，城市内还形成多个人工湖。工程完成后，数条自河岸向城市中心延伸的廊道或垂直或相交，交错向城市内部延伸，加强了城市与河流河岸的联系。这些开放式绿色通道皆从城市原有机理出发，把河流带来的生态融入城市之中。借助与河流垂直的线形空间确定城市轴线，宿迁市新城规划也是典型。其城市轴线气势恢宏，从水边直达城市核心，犹如一条蓝色血管将来自水面的清新空气直接输入城市。其平面构图，同时考虑了人的视觉控制，在视觉中心的建筑群体采用圆形布局，作为整个序列的高潮，两边的建筑犹如一个个巨大的景框导入美丽的滨水景观，确定明晰的视觉走廊[②]（图8-5）。

图8-3 武汉城古地图

图片来源：《武汉历史地图集》编委会. 武汉历史地图集 [M]. 北京：中国地图出版社，2006.

① 理查德·马歇尔，沙永杰. 美国城市设计案例 [M]. 北京：中国建筑工业出版社，2003.
② 张庭伟. 美国滨水区开发与设计 [M]. 上海：同济大学出版社，2003.

图8-4　宁波甬江两岸开放空间示意
图片来源：宁波市规划局.宁波甬江两岸概念性总体规划，2004.

图8-5　宿迁滨湖新城主轴
图片来源：宿迁市规划局.宿迁滨湖新城绿色生态规划，2007.

　　当河流河道自然形态不规整，难以用线条加以抽象时，网络设计则可不拘泥于城市轴线的硬性营造，可转而采取较为灵活的其他设计方式。上海市域绿地系统建设（图8-6）可以作为重要参考。根据黄浦江自然形态的曲折变化，其设计方案提出"环、楔、廊、园、林"相结合的结构模式，其中"廊"主要是与河流、道路（含铁轨线）等相联系的绿带，总面积约320km²。中心城区绿地系统由三个层次组成。第一层次是"一纵两横三环"，一纵黄浦江沿岸绿带，两横延安路、苏州河沿线绿带，三环外环、中环、水环，通过城市主要河流，道路沿线成片的绿化带构成中心城市绿化主轴。第二层次是"多片多园"，由中心城内各级别城市公园、公共开放绿色通道，促成城市与河岸的联系。这几条绿色通道（即图中深色线条）皆从城市原有机理出发，力求将河流的自然之美和生态之优融入城市。第三层次是"绿色廊道，绿色网络"，即依托城市主要道路、水系等沿线的绿化，联系和沟通中心城各级别、各类型的点状、线状绿化以及大型片林，建立起中心城绿化网络系统。这三个层次实际上是以黄浦江绿带为核心，通过其他河流和主要道路的绿廊，同市区内各级别城市公园、公共开放绿地有机联系，并延伸到中心城边缘的若干大型林地，从而构建起"人与自然和谐发展，以绿化、优化、美化为标准的国际化大都市"的设计框架[①]。

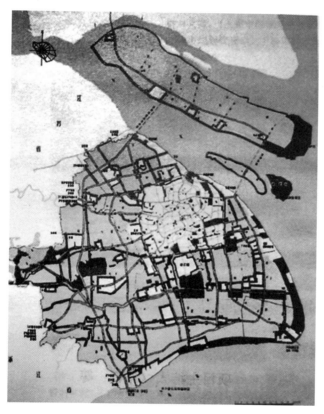

图8-6　上海市域绿地系统

图片来源：上海市规划局.上海市市域绿地系统规划（2002-2020）.

### 8.3.3　水网空间的交通，可达性的问题

随着城市交通、城市间交通的发展，一些城市在城市滨水区或河道堤防修建高等级快车道。不加区别用快车道将城市围上一圈，这是否是处理城市空间与水网空间的最佳选择？从短期效益分析，这样规划确有一定道理，最明显的优点是拆迁少，投资小，进度快。但是，从长远发展分析，最明显的缺陷是限制了城市水网空间的可达性，造成水网空间与整个城市相隔离。现在，已修筑的沿江沿河快车道，过于逼近水网空间，沿

---

① 姜允芳.城市绿地系统规划的理论与方法[D].上海：同济大学，2007.

河只剩下一条线形空间可作步道，建立沿河廊道更是无从谈起。有学者认为要消除高速路对水网空间的影响，唯一的希望就是让人们工作在离家更近的地方，从而尽可能减少对高速路的使用。滨水快车道还有一个更大的弊端是，使临近水体的地块开发与滨水无关，既然行人对徒步穿越高速都望而生畏，又如何让那些新开发项目与水体发生联系呢。将城市中最为宝贵的水网空间用作纯粹的交通用地，绝对是得不偿失的[①]。

一些发达国家的城市目前对水网空间进行重新规划，实施大规模更新改造，遇到最棘手的问题就是道路阻隔。美国波士顿市曾建有一条滨水高速路，现在为了打通水网与市区的联系，只好将这条道路拆去迁入地下。再如美国芝加哥市，在芝加哥河水网空间的改造中，海军码头也遭到一条高等级湖滨大道的分割，行人步行道也受该大道的阻碍而难以通过。改造过程中设计了多种方案皆不可取，最后芝加哥水网空间改造委员会不得不决定用填河造地的方法拓宽河滨区（图8-7），加强与城市空间的联系[②]。长三角大多数水网城镇还未具备像西方城市那样大规模进行滨水区更新改造的条件，但应为以后的城市发展留有余地，若干年后一旦想进一步开发水网空间，现在的快速道将成为一道难以逾越的障碍，将会给后人留下意想不到的麻烦。

图8-7　美国芝加哥海军码头填河造地区

对于已建在滨水区的高等级道路，应尽快采取方法，尽量减弱其对水网空间与城市分割的影响。常见方法有：

（1）升高步行道，利用高差解决快车道的阻碍问题。步行桥可与对面建筑相连接，形成立体步行交通系统，保持水面的自然延续。还可以将桥面面积进一步扩大，形成

---

① 余小虎.城市与水的有机联系——水网空间城市设计方案初探[D].重庆：重庆大学，2006.
② 张庭伟.美国滨水区开发与设计[M].上海：同济大学出版社，2003.

连接建筑物的平台。巴黎德方斯中心的规划即使用了这种方法，其交通系统规划参照了勒·柯布西耶的城市设计理念和原则，人车完全分离，地面层是一块长900m、面积48hm²的钢筋混凝土板块，将过境交通、货运、停车等功能全部覆盖。板块上面为人行道和居民活动场所，板块下部是公路和地铁，三种交通互不干扰。

（2）修筑地下隧道，将机动车引入地下。如杭州的西湖隧道。西湖东岸的湖滨路，原来既是游人远眺西湖的步行路，又是一条车行干道。为了让湖滨路成为游人观赏区，十分需要建造"第二通道"。而狭窄的湖滨地区，左右扩展均无余地。后经多方论证，杭州市决定，将这条"第二通道"设在西湖底，西湖隧道现已建成通车。

（3）高架车道。这种方法既能解决步行通达问题，又能使车行人看到水面，而且在原有基础上更容易实施。这种方式的例子不多：其一高架道路对整个景观破坏较大；其二高架路下的空间采光条件差。但通过在高架立柱的包装使其成为水网空间景观的一部分；然后禁止在高架两侧25m范围内种植高大乔木，减少采光破坏；最后合理规划高架下方的景观项目，如轮滑、游戏场等也可以"变废为宝"。吴江汾湖长三白荡公园设计就是结合沪苏浙高速下的高架空间和水网景观，使原本的城市"背面"成为一个任何天气均可游赏的滨水公园（图8-8）。

图8-8　吴江汾湖三白荡湖滨公园高架下景观效果

# 第九章　绿地生态网络的布局与构建

　　绿地生态网络之于长三角水网地区布局的主要过程就是首先确定斑块位置，以廊道形成互相联系的网状结构，将城市建设区范围包围其中，并填充基质，形成一种区域性的绿地网络系统，在可视化角度称为"绿地中的城市"。

　　但是这种抽象说法并不单单指以生态网络引导城市布局形态，而必须形成一种共扼关系。在城镇用地布局角度来说，长三角地区城镇化飞速的发展需要建设用地的支撑，而现有的城市规划程序与方法仍然停留在规模控制的层面，需要生态网络成功构建的基础上针对适宜建设用地进行注重弹性的规划设计。在绿地生态网络构建角度来说，绿色网络的布局模式依然是为降低碳排放服务，为长三角居民可持续发展服务，需要寻求绿网与城镇、绿网与乡村持久结合的形态，一种将城市生活与自然环境相结合，达到霍华德田园城市模型所表达的理想。因此，单纯以限制城市生长为目的绿地生态网络构建无法实现，但是回归碳排放与碳汇聚的平衡状态，实现两者结构的平衡则是合理布局模式可以达到的目标。

## 9.1　绿地生态网络对城镇低碳化的重要意义

　　绿地生态网络的核心指导思想就是将绿网与水网融合，和城市空间相互嵌套，使其延伸到城镇居民生活空间中，将绿色空间化整为零与建筑空间合为一体，增加绿地网络与碳网络的接触线。合理的绿地生态网络对长三角水网城镇低碳化的影响主要落实在区域资源配置、城市规模控制、城镇居民生活等方面。

### 9.1.1　限制城市蔓延，保证城市有序开发

　　水网城镇在建城之初城市形态往往以水而生，在工业化城市化高速发展阶段，城市蔓延、侵占耕地、填水造地等问题，在城市规划建设层面，必须依靠绿地生态网络来对城市空间扩展加以限制。

　　绿地生态网络对保护及形成城市各分区特色、降低城市化与资源利用冲突，改变城市粗放发展具有重要作用，应结合长三角城镇结构类型以环状、网状、楔形等布置，维持城镇内部公园与外部背景的有机联系，保证景观格局的连续与完整，注重廊道建设与斑块保护，成为城市空间安全和限制空间扩展的隔离带[①]。

### 9.1.2　发挥生态效应，实现碳平衡

　　在长三角水网城镇，绿地生态网络是整个系统的"下垫面"，吸收温室气体，改善城市生物气候条件是城镇生态系统中最活跃、最具生命力的部分。在任何规划中，针对城镇生态规划的考虑，都是基于绿地生态网络实现的。

　　城镇各类绿地只有在形成生态网络之后才能发挥最大的集聚生态效应，运用城市中

---

　　① 徐英.现代城市绿地系统布局多元化研究[D].南京：南京林业大学，2005.

的滨水绿地、道路绿地、高压走廊将城市公园与建设区外的农田、山林结合起来形成长三角三大网络的基底，主要功能就是联系水网共同实现碳平衡；同时可以利用植物光合作用、蒸腾作用的影响，发挥绿色生态网络降低城市气温、引导城市通风、控制城市噪声的显性功能。因此，完善绿地生态网络就是实现人工环境与自然环境的和谐共存。

### 9.1.3　构建绿地体系，引领居民低碳生活

绿地生态网络的主要功能之一就是与城市生活相结合，既成为让人赏心悦目、心情愉悦的城市景观主体，又为居民体育健身、娱乐郊游、野营探险等休闲活动提供平台，引导居民放弃碳排放较高的某些城市休闲方式，满足居民回归自然的需求。

其布局的重要依据在于绿地服务半径的确定，应根据公园等级、主要用途、生态安全的要求确定合理的考量数据。科学合理的绿地生态网络应该具有分布清晰，结构合理的特点，形成更好的城市意象，引导居民的低碳生活。

### 9.1.4　保护城市水网，完善防灾减灾体系

在长三角地区，绿地依靠水网供给养分，水网需要绿地净化水质、保护堤岸、避免外界过多的侵扰，同时一个高效的防灾系统必然是整体的绿地生态网络、水网络和其他形式的防灾措施的统一。绿地网络无论是对水网的保护，还是针对城镇防灾的作用都存在于它的整体性、系统性、网络性作用，仅仅是混乱分散的小块绿地难以提供有效的保护，形成整体的防灾体系[①]。

## 9.2　绿地生态网络的规划要素与解析

### 9.2.1　规划要素

城市生态网络规划是以应用景观生态学原理为基础，应用"斑块—廊道—基质"模式，从城市空间结构上解决环境问题的规划。城市生态网络具有网络的一般特征，是反映和构成地表景观的一种空间联系模式。从自然生态系统出发，以景观斑块为结点，生态廊道为路径，在城市基底上镶嵌一个连续而完整的生态网络，成为城市的自然骨架。其规划要素，即组成景观结构的单元有三种：斑块（patch）、廊道（corridor）和基质（matrix）[②]。首先，斑块是指景观中与周围环境在外貌或性质上不同，并具有一定内部均质性的空间单元。常见的斑块可以是植物群落、湖泊、草原、居民区等。其次，廊道是指景观中与相邻两边环境不同的线性或带状结构。常见的廊道景观有林带、河流、道路、峡谷等。第三，基质是指景观中分布最广、连续性最大的背景结构。常见的有森林基底、草原基底、农田基底、城市用地基底等。

实际研究中，很难确切划分斑块、廊道和基质，因为景观结构单元的划分总与观察尺度相联系，所以斑块、廊道、基质的划分总是相对的。

### 9.2.2　斑块

景观斑块规划是城市生态网络建构的主要内容之一，根据景观斑块的布局特点，结

---

① 张浪.特大城市绿地系统布局及其构建研究——以上海为例[D].南京：南京林业大学，2007.

② Forman R. T. T，Godron M.1981.Patches and structural components for a landscape ecology. BioScience，31：733-740.

合岛屿生物地理学理论，景观斑块规划具体实施主要是：

（1）正确辨识有保护意义的景观斑块

首先，其生态稳定性较好、生态效率较高、具有较高物种多样性的生境单元。其次是对人类干扰极其敏感，同时又对整体城市生态系统的生态稳定性具有极大影响的生境单元。必须认识到，建构城市生态网络的关键点或现状城市生态网络的断裂点，同时具有保持城市景观多样性战略意义的地域。

（2）客观评价所选景观斑块的现状

分析景观斑块的生态优势及存在问题，提出规划措施。重点要对斑块现状及其形状调整提出意见。

（3）对所选景观斑块分级分类，并提出相应保护措施

主要根据景观斑块的自然属性、面积大小或生态服务功能如何，进行分类与分级，并针对每类每级斑块制定相应的保护措施。规划实施中，对不同类型的景观斑块作出调整，需要注意的是：第一，大小斑块尽可能有机结合，使其功能互补。大型景观斑块能支持更多物种，应尽量加以保护。而小型斑块在生态流上具有跳板作用，且占地面积小，在建成区中更易实施；第二，设置单一的大型斑块要比总面积与其相等的几个小斑块更好。如果必须设计多个小斑块，应使它们尽量靠近，以减少隔离程度。斑块间距离越近，则越容易进行物种交流，对物种的多样性越有利；第三，几个斑块成簇状配置，要比线状配置好。将几个斑块用廊道连接起来，更便于物种的扩散与交流；第四，应尽可能设计圆形景观斑块，以减少边缘负面影响；第五，对景观斑块制定相应的保护与控制措施[①]。

### 9.2.3 廊道

城市生态网络中的廊道，目前没有固定的分类方法。从廊道的结构形式划分可分为：线状廊道、带状廊道和河流廊道等。从廊道的生态类型划分可分为：森林廊道、河流廊道、道路廊道等。有学者将城市景观廊道分为：人工廊道和自然廊道两大类（宗跃光，1996），人工廊道以交通干线为主，自然廊道以河流、植被带、包括人造自然景观为主。

结合以上划分，研究把城市生态廊道分为：道路生态廊道、河流生态廊道和绿带生态廊道三类。其中，道路生态廊道包括与机动车分离的林荫休闲道路和道路绿化带、分车带；河流生态廊道包括沿河流分布的植被带，河道本身，及河道两侧的河漫滩、堤坝和部分高地；绿带生态廊道包括防护林、绿篱等。

### 9.2.4 绿地生态网络的连接度和环通度

景观生态学上用网络的连接度和环通度来衡量生态网络的连通性和复杂性[②]。在城市生态网络的构建中，可以用网络连接度与环通度来衡量斑块和廊道在城市生态网络体系中分局是否合理。

---

① 马志宇.基于景观生态学原理的生态网路构建研究——以常州市为例[D].苏州：苏州科技学院，2007.
② 刘茂松，张明娟.景观生态学——原理与方法[M].北京：化学工业出版社，2004.

网络连接度是用来描述网络中所有结点被连接的程度，即一个网络的廊道数与最大可能的廊道数之比，用γ指数来表示：

$$\gamma = L/3\ (V–2)$$

其中，$L$为廊道数，$V$为结点数。γ指数的变化范围为0～1，γ=0时，表示没有结点相连；γ=1时，表示每个结点都彼此相连。

网络环通度是指连接网络中现有结点的环路存在的程度，即网络中实际环路数与网络中存在的最大可能环路数之比，可用α指数来表示：

$$\alpha= (L–V+1)\ /\ (2V–5)$$

α指数的变化范围为0～1，α=0时，表示网络中没有环路；α=1时，说明网络中达到最大的环路数。

在连接度和环通度不同的网络中（图9-1），第一个网络（a）中没有环路，动物沿网络穿越景观时没有选择路径，而利用第二个网络（b）有多种可选择的路径，生态流更加通畅。

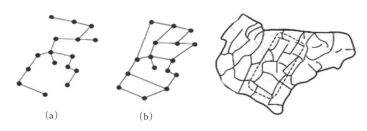

（a） （b）

图9-1 连接度与环通度不同的网络

以上原理以拓扑空间为基础，这只是用来研究结点（斑块）和连接线（廊道）的抽象概念。然而实际距离、线性程度、连接线的方向及结点的定位对景观生态学中某些流程也是十分重要的[1]。

## 9.3 国内外绿地生态网络布局结构分析

### 9.3.1 国外城镇绿地系统布局结构

国外很多城市把绿地生态系统布局纳入城市区域性总体规划，绿化布局注重突出城市建设与自然生态的相容性和协调性，通过绿色斑块、绿地廊道的串联嵌合使，绿地生态系统成为整个城市的有机组成部分。美国于1996年制定的"纽约大都市区"区域性规划，其中就提出"大都市植被战役"（Greensward campaign）。他们较早地发现城市规划中的某些不足，开始重视和保护城市及周边地区的生态环境，试图通过多种自然资源管理手段，把城市绿地空间和大片自然保护区结合在统一的绿地系统布局之中[2]。美国

---

① 刘茂松，张明娟.景观生态学——原理与方法[M].北京：化学工业出版社，2004.
② 吴人韦.国外城市绿地的发展历程[J].城市规划，1998（6）：34-43.

新英格兰地区的规划，则明确提出三个目标：保持及改进环境的生态品质、为民众创造更多的游憩场所、通过适度旅游活动促进城市发展[①]（图9-2）。他们利用和新建多种绿地形态，连接、嵌入和穿插于城市、城郊的不同地段，构建辐射全城的绿地网络体系。纵览国外一些城市的生态绿地布局形式，相关介绍较多，有集中型、链接型、组团型、放射型、星座型、嵌合型等等，取其主要特点可整理归纳为四种模式：

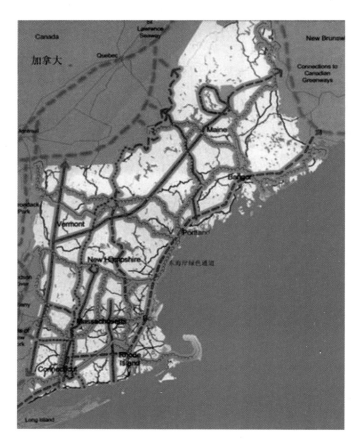

图9-2  美国新英格兰地区绿色通道规划
图片来源：参考文献 [110]

（1）环状圈层模式

主要特征：在城市周边建立环状绿化控制带。其最初目的为了控制城市扩张，限制与周边地区连接融合，保护城市、乡村景观格局的差异性，后来成为城市生态绿化布局的重要组成部分。伦敦、巴黎、柏林、莫斯科、法兰克福、东京等城市，均设有类似环状绿化带。这些绿化控制带，对稳定城市格局、改善城市环境、提高居民生活质量等，发挥了不可替代的作用。城市绿化控制带的规划和建设，是依据城市的自身条件，包括：地形、水文、气候、历史文化特征，周边地区和城市的发展关系等设计和实施的。

① 王新伊.特大型城市绿地系统布局模式研究[M].上海：同济大学，2007.

绿化控制带的形态结构多呈不规则环形状，细分有：环形绿化控制带（Green Belt）、楔形绿化控制带（Green Wedge）、廊道环形绿化控制带（Green Corridor）、环城卫星绿化控制带（Green Zone）、缓冲绿化控制带（Green Buffer）和中心绿地（Green Heart）等六种形式（图9-3）。如伦敦主要呈环城绿化控制带，莫斯科、柏林主要呈楔形绿化控制带，巴黎主要呈环城卫星绿地控制带，德国鲁尔主要呈缓冲绿化控制带等[1]。

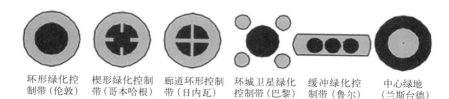

环形绿化控　楔形绿化控制　廊道环形控制　环城卫星绿化　缓冲绿化控　中心绿地
制带（伦敦）　带（哥本哈根）　带（日内瓦）　控制带（巴黎）　制带（鲁尔）　（兰斯台德）

图9-3　绿化控制带的六种形式
图片来源：改绘自参考文献［157］

（2）绿色廊道模式

主要特征：具有自然特征的带状绿地空间，其具体形态可以是两边有足够缓冲带的蓝道（Blueway，即包括两侧植被、河滩、湿地及水道），可以是城市中的带状公园，也可以是狭长的自然保护区、绿篱、防护林等，还可以由废弃的铁路、公路等城市带状空间改造而成的绿化带等等。它具备较好的绿化生态功能，同时包含休闲、美学、文化等多种元素。绿色廊道源于欧洲的林荫道，起初是引导人们进入公园的通道。绿色廊道将城市内各绿色斑块及城市周边的森林连接起来，形成网络系统。其主要功能是为城市引入外界新鲜空气、缓解城市热岛效应、调节城市气候，提升整个城市的景观效果。同时，很多廊道还可以为野生动物迁移提供安全路线，把城市融入自然，保护区域内生物的多样性。世界比较典型的城市廊道有：波士顿公园体系（图9-4）、美国新英格兰地区绿道网络规划、伦敦的绿链开敞空间、华沙的绿色走廊等。

图9-4　波士顿公园体系
图片来源：参考文献［164］

---

（3）楔形放射模式

主要特征：由城郊伸入城市的由宽到窄的放射形绿地，常常由河道、起伏地块、放射干道等，并结合市郊农田、防护林组成，呈楔子形状。这种绿地将城市环境与城郊自然环境有机衔接，促进了城乡空气流动，对改善和调节城市小气候效果尤其明显。楔形绿地放射模式通常和其他模式组合成城市生态绿化系统，如环形与楔形组合，即城市外围以绿色空间围绕，楔形绿地直接嵌入城市；多环与楔形组合，即有些城市具有类似同心圆扩展的特征，城市中心区与城市建成区外围均以绿化环绕，形成两个以上的环形带，这些环形带由楔形绿地贯穿或连接。典型城市有：澳大利亚墨尔本的楔形绿地系统（图9-5）、丹麦哥本哈根的指状绿地、德国慕尼黑的星状楔形绿地等[1]。

图9-5　澳大利亚墨尔本的楔形绿地系统

（4）依托模式

主要特征：依托自然山水，人文景观等现实条件，规划布局城市绿地系统，形成独特的差异化模式。这类模式一方面可以"借题发挥"，充分利用城市所具备的独特优势，因地制宜打造个性鲜明的生态绿地系统；另一方面可以"锦上添花"，通过绿地系统的规划设计，进一步彰显城市的特点和亮点，取得事半功倍之效。1946年吉伯德（Gibberd）规划英国哈罗新城（Harlow），他在保留和利用原有地形和植被的基础上，采用与地形相结合的自然曲线造就绿地，与城市建筑交相辉映，使城市特点更为鲜明；朝鲜平壤的重建规划也较典型，城市绿地系统以山脉、河流等自然条件为骨架，把城市分隔为几个组团，绿地系统与城市组团形成相互交织，形成有机整体。还有些城市结合地理特点绿地规划采用点、线、面结合的混合布局形式，形成良好的人居环境。绿地系统规划布局，切忌套用或模仿现成的模式结构，应根据城市现状和自然条件"量体裁衣"，做到结合总体规划，突出自身特点，科学合理布局。

9.3.2　国内城镇绿地系统布局结构

国内城市绿地系统布局与国外一样呈多样化模式，尤其是近年来，城市化进程很快，各地重视绿地系统规划布局的研究与创新，不少城市借鉴国外典型设计，突破传统

---

① 王新伊.特大型城市绿地系统布局模式研究[M].上海：同济大学，2007.

的"点、线、面"结构模式，着眼于绿地的生态性、人文性和景观性，形成多功能、复合型的城市绿地系统布局模式。主要有：

（1）环网放射型。以北京、上海、南京、合肥等城市为代表。这类结构模式的特点是，在城市组团布局或形成环形圈层绿化带的基础上，沿"江、河、湖、路"，以楔形绿地为通道，把城市与城郊大型林地、生态田园有机结合。规划这类模式需要综合城市生态优化、主要风向频率和农业结构调整等诸多因素，把"环、楔、廊、园、林"等各类绿地有机合成，形成条块相交、环环相扣的网状放射型布局结构（图9-6）。

（2）山水依托型。以杭州、苏州（图9-7）、无锡等为代表。这类结构模式充分利用城市优越的自然山水及人文景观条件，以"山、湖、江"等自然元素为基础框架，有层次有重点精巧配置生态廊道和斑块绿地，把自然山水融入城市规划之中，使城市规划占有更多生态份额，形成体现独具魅力的山水城市布局。

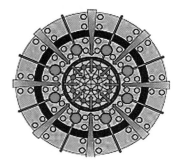

图9-6　上海环网放射型绿网
图片来源：上海城乡一体化绿化系统规划研究，
上海绿化管理局2005年科技项目.

图9-7　苏州山水依托型绿网
图片来源：苏州市规划局.苏州城市总体规
划（2007-2020）.

（3）区域扩展型。以广州等城市为代表。这类结构模式从城市不同的区位特点出发，因地制宜构筑不同的生态绿色环廊，形成覆盖全城的绿地网络系统。广州以网状化河流水系为基础，配合城市基础设施，在不同区域规划不同的生态绿地，以纵横交错的"区域生态环廊"系统，组成多层面、多功能、网络式的生态廊道体系[1]（图9-8）。

（4）功能主导型。以深圳等新兴城市为代表。这类结构模式突破了传统绿地系统规划中的"点、线、面"布局模式，以发挥绿地基本功能为导向，规划建设城市绿地系统。不少新兴城市制定规划坚持从绿地系统的生态性、人文性和景观性三大功能入手，将城市绿地系统分解为生态型城市绿地子系统、游憩型城市绿地子系统、景观型城市绿地子系统。其中，生态型城市绿地子系统，包括："区域绿地—生态廊道体系—城市绿化空间"等组成部分；游憩型城市绿地子系统，包括："郊野公园—城市公园—社区公园"等组成部分；景观型城市绿地子系统，包括：城市人文景观、自然景观周边的各类绿地、大型林带林区等。子系统既相对独立，又相互交叉，覆盖整个城市区域（图9-9）。

① 王富海，谭维宁.更新观念重构城市绿地系统规划体系[J].风景园林，2005（4）：16-22.

图9-8 广州区域扩展型绿网 　　　　　图9-9 深圳功能主导型绿网
图片来源：广东省建设厅.珠三角城镇 　　　图片来源：深圳市规划局.深圳城市绿地系统规划
群协调发展规划（2004-2020）. 　　　　　　　（2004-2020）.

### 9.3.3 布局结构的比较与结论

通过国内外绿地系统布局结构的分析可以看出国外城市由于城市化进程早已结束、城市生长基本停止，针对城市蔓延、环境污染等生态问题的研究起步较早，绿地生态网络的建设也早已成型，因此早期形成的布局结构模式以环状圈层式、楔向放射式、廊道网络式及地理人文式等四种结构模式为主。

中国城镇的绿地生态网络规划立足于国外理论研究基础与绿地建设成果之上，布局形式非常多样，并呈现与城市结构紧密联系的特征。需要注意的是中国城市尤其是长三角水网城镇仍然处于城市开发建设的过程中，绿地生态网络的规划布局除了需要承担碳集聚、保证环境品质、提供居民游憩、促进经济发展的功能之外，还需要承担限制城市无序开发、引导城市未来建设方向的责任。

所以，在未来长三角城镇绿地生态网络的规划建设上需要立足于现状区域空间格局与城镇结构类型的几类同心圆模式，在寻找共性的基础上再进行因地制宜的规划设计。目前的长三角大中型城市一般采用环网放射型的模式，部分历史文化名城、名镇形成结合城市山水格局的绿化系统布局模式。新城、小城镇的建设较多采用绿心模式形成的山水城一体化城乡生态格局。此外，以深圳为典型的打破传统"点、线、面"的网络链接结构，立足于生态网络功能主导的生态性、人文性、景观性的立体布局模式需要在城镇空间的绿化生态网络布局中加以借鉴。

## 9.4 长三角绿地生态网络的布局方法

在长三角低碳化网络系统构建中，水网城镇受到工业化与城镇化的反作用而达到一定极限时，需要通过绿网络的构建重新回归传统城市的综合有机性。本书试从系统整体性出发，在长三角区域空间格局与城镇结构类型的基础上提出绿地生态网络布局的方法，并揭示未来长三角绿网络的发展趋势。

### 9.4.1 区域绿地生态网络的布局

（1）绿网络的尺度

首先，针对温室气体吸收的要求。由于长三角人口密集、工业集中，空气中二氧化碳含量为0.04%左右，高于西部地区，通过生态网络的调节可以实现碳氧的平衡。不同类型的绿地所起的调节效应有所差别。按照环保部门的数据，除去水网络的效应每人拥有 $10m^2$ 的树林或者 $25m^2$ 的草坪就能维持大气中的碳氧平衡。根据李敏提出的计算绿网总量控制的生态阈值法，具体计算过成为：

①长三角所需制氧阔叶林面积理论值为 $M$，$M=dK/abc$（$hm^2$）；$K=$市域各项人类活动的总耗氧量，$d=$年日数（365），$a=$年无霜期天数，$b=$年日照小时数，$c=$阔叶林制氧参数（$0.07t/hm^2 \cdot h$）。

②长三角所需绿地理论值为 $R$，$R=GI/15f$（$hm^2$）；$G=$总人口，$I=$区域粮食自给率，$f=$土地承载力系数（人$/hm^2$）。

③假设长三角设区域制氧绿地面积规划值为 $N$，$N=R_1J_1+R_2J_2+R_3J_3+\cdots$；$R_1=$农田面积，$R_2=$林地与园地面积，$R_3=$园林绿地面积$\cdots$；$J_1=$农田等效阔叶林换算系数（0.2），$J_2=$林地等效换算系数（1），$J_3=1\cdots$；

④长三角氧气平衡贡献率为 $Q=N/M \times 100\%$，$Q$ 值应该控制和保持在60%以上[①]。

由于长三角在2010年重新划定范围后，尚未编制区域绿地系统规划，各项数据难以收集。研究根据上海、苏州、杭州等市的统计年鉴，将长三角核心圈层的氧气贡献率 $Q$ 计算得出不到40%，远远落后于正常水准。同时我们应该注意到，长三角外围圈层各市市域面积较大，农田林地众多，在区域绿地生态网络布局中可以发挥平衡碳氧的重要作用。

其次，针对水网络的要求。由于长三角人口密度大，水网络受人类干扰较频繁。水网络沿线往往需要不同宽度的绿网保护来稀释沉积物与营养物。目前根据水网的不同等级其宽度还缺乏统一意见。一般认为沿海与沿江两侧1000m内、沿重要湖泊300m内、重要河道150m内为核心保护区。同时绿网受坡度变化的影响，据budd教授实证证明北纬30度地区50%的沉淀物堆积在离绿道边缘100m范围以内，另外的25%则散布在离河床不同距离的河流沿岸，因此重要河流两侧绿带合理的最小宽度是80 ～ 100m。

第三，针对生物多样性的要求。因为长三角北部河网平原、中部湖网平原、南部水网丘陵三个区域斑块（图9-10）特点不同、形式各异，难以研究出具体的大小满足生物需要，但是呈松散状布置更能促进内部与周围环境的相互关系，特别是生物生长、能量交换等。区域性大型廊道至少需要1.4km的宽度才能保证内部有200m的安全空间，以供野生动物生存[②]。在城镇内部12 ～ 30m的廊道可以保证生物栖息但是多样性较低，60 ～ 150m宽度可以拥有较大的多样性与种群活动[③]。

① 陈昌笃.景观生态学与生物多样性保护[C].暨第二届景观生态学学术讨论会论文集，北京：1996.5.

② D.a.Saunders and RJ.Hobbs，eds.Nature conservation：the role of corridors，Surrey Beatty and Sonns.Chipping The theory of wildlife corridor capability.

③ 李晓文，胡远满，肖笃宁.景观生态学与生物多样性保护[J].生态学报，1999（3）：399-407.

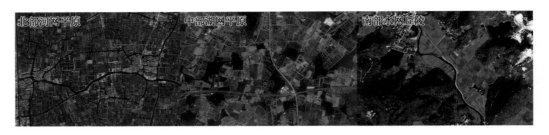

北部河网平原　　　　　中部湖网平原　　　　　南部水网丘陵

图9-10　长三角不同区域斑块特点示意

（2）绿网络用地构成

区域绿地构成的目标是在城镇外围地带，通过保护和发展自然风景区、生态保护区和郊野公园等区域绿地，达到优化城市人居环境的目的，它将城市公共绿地的范畴延伸到区域，将改良城市绿化环境的目标引申到对城市整体生态背景的改善，强调了优先关注区域不可建设用地，是一个基于保障区域生态安全的"伟大构想"。研究根据长三角资源特点和区域绿地功能要求，将区域绿地分为6大类、24小类用地（表9-1），并制定了区域绿地规划、管制、维护等基本要求。

区域绿网用地分类　　　　　　　　　　　　　　表9-1

| 海岸滨江防护区 | 生态维育保护区 | 河流湖泊涵养区 | 风景旅游观赏区 | 防灾减灾缓冲区 | 特殊功能维持区 |
|---|---|---|---|---|---|
| 自然保护绿地 | 岸线防护绿地 | 主干河流绿地 | 森林公园 | 环城绿带 | 文物保护绿地 |
| 基本农田绿地 | 滨海湿地 | 大型湖泊绿地 | 风景名胜区 | 自然灾害防护 | 传统风貌绿地 |
| 水源保护绿地 | 生物繁衍地 | 大中水库绿地 | 旅游度假区 | 公害防护 | 灾害敏感绿地 |
| 土壤流失防护绿地 | 养殖场及围垦地 | 基塘系统 | 城郊公园 | 大型基础设施隔离带 | 地质地貌景观区 |

资料来源：改绘自《区域绿地规划指引》

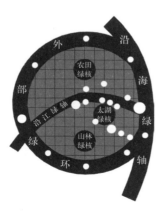

图9-11　长三角区域绿网框架

（3）斑块、廊道组成的区域绿地网络系统

根据前文针对长三角水网城镇特征中关于区域空间格局的描述，长三角内部包含三层结构，两个边界地带，绿地生态网络构建的根本目的之一就是都市区之间和城镇密集地区之间形成长期有效的生态隔离带，避免城镇连绵发展。同时根据前文论述的生态网络规划要素中斑块与廊道的选择方法，构建了由生态斑块和生态廊道组成的长三角"一环、两带、三核、多级网状廊道"的区域绿地生态网络框架（图9-11）。

"一环"：指长三角外部圈层由盐城市、淮安市、宿迁市、合肥市、巢湖市、铜陵市、黄山市、衢州市、金华市构成的农田、林地、山地绿环，是长三角水网地区重要的环状生态屏障。对二氧化碳汇聚、涵养水源、保障地区生态安全有着重要作用。

"两带"：第一条由江苏、浙江两省近海水域、长江入海口、杭州湾地区和舟山群岛组成的近海生态防护带，第二条则是沿长江防护林带。世界上55%的多余碳储存在水中，近海与长江是长三角碳汇聚的两大屏障，针对两者构建的绿地生态网络对于确保区域内野生物种生境，合理开发海洋资源，维护生态系统与生态景观的完整具有重要意义。

"三核"：由太湖为中心的环太湖绿核、苏北平原中心地区以耕地为主的农田绿核、浙江宁波—奉化—台州以西的山林绿核组成。这些绿核既有为人们休闲游憩服务的旅游型绿核，又有传统农业为主的耕地和山林，但是它们同时具有实现区域低碳化、维育生态安全和网络体系的重要作用。

"多级网状廊道"：这里既包括由铁路、高速公路、国道、省道构成的道路绿地廊道，也包括各级河流组成的滨水绿廊，这些廊道与各级城镇链接，既是城市内部绿化的扩展，也是区域绿化对城市的渗透。它们可分为区域主要廊道、区域次要廊道和生态隔离廊道等，负责串接各绿地斑块之间的整体功能，也为增加长三角绿地生态网络的连通度服务。

### 9.4.2　城镇绿地生态网络的布局

（1）因水而生的绿网布局要求

首先，绿网布局与水网结构紧密相联。长三角"一环、两带、三核、多级网状廊道"的区域布局多依水布置，与长三角水网自身的结构一致；并且城镇绿地网络中许多斑块本身就是大型湖荡，廊道走向也应顺应水网生长方向形成共生关系。其次，绿网形态与水网生长必须高度契合。长三角水网城镇建设已具规模，形成了世界又一大城市群，绿网络的布置许要以现有城镇形态为基础，而现有城镇形态往往依水而建；在城镇背景区，绿网络形态布置也需要适应水网生长方向履行对其的生态保护职能。第三，植被种类适应水网分布要求。在绿网络建设中植物的配置需要符合水网环境的要求，无论是城市导风、涵养水源、防洪防灾、经济生产都必须与水环境相一致。

（2）系统整合的动态布局方法

目前，针对城镇空间的绿网络布局方法主要有以下四种形式。①以自然空间为主导的绿地生态网络布局，该模式要点在于最大限度与城镇自然空间协调，投入少适合自然环境特点比较明显的城市。②以城市发展模式为主导的布局方法，其要求在尊重城市结构与重大基础设施的前提下进行绿地布局，优点在于保证经济社会和谐发展，适合空间结构明显的城镇。③以绿地功能为主导的布局手段，这是一种针对不同绿地功能而设计的规划手法，可以将绿地的生态性与功能性统一，满足不同的景观过程。④以生态敏感性分析为主导的布局方法，这种方法以生态因子分析为基础，区分用地适宜性，保证绿网构建的科学合理。

长三角水网城镇经过改革开放后30年的发展，基本形成了各具特色的城市绿地系统，但是规划重点主要集中在城镇中心区的绿化上，缺乏对长三角区域生态网络和城乡绿网融合的整体考虑。在以低碳为目的的网络化布局选择中，研究认为需要从考虑"时间"与"空间"的动态性出发，即在维护城镇生态安全实现低碳化的大前提下，绿地生态网络的构建为将来城镇化的发展留有余地。因为无论是过去的城市美化运动、生态城市建设抑或是低碳规划，其核心目的还是为人类可持续发展服务、为人们美好生活服务，而发展的根本在城市。所以，在城镇绿网络布局法方法选择中必须系统整合四类绿网布局方法，在与长三角区域生态网络对接的前提下，实现绿网络与碳网络的共扼。其布局步骤如下（图9-12）：

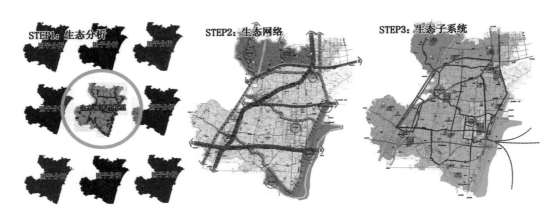

图9-12　城镇绿网布局步骤

①建立生态敏感性模型，划定城镇功能区

根据水网城镇低碳化要求，选取对各项用地有共性影响的因子作出评价。依据长三角地区对土地利用方式影响的显著性选出的因子包括：地表水、生态生产力、景观价值、生态承载力、土地生产力、温室气体汇聚能力、生物多样性、土壤渗透性等，并根据各单位因子对土地利用方式的影响程度不同，赋予不同权值。最后加权叠加得到生态敏感性模型。

生态敏感性模型建立的目的是从先底后图的角度明示城镇土地的不可建设区，这时可以根据模型反映的信息，将城镇用地进行功能区划定。一般分为最敏感区、敏感区、低敏感区和不敏感区四类。其中的低敏感区和不敏感区则是将来城镇发展的重点地段，需要在后续生态网络的构建中为其留有余地。

②分析城镇未来空间形态发展，构建绿地生态网络

绿地生态网络既能"溶解"城市，使碳网络对自然环境的影响变小；又起到分割碳网络、引导碳网络有序发展的作用。这里着重分析城镇水网、对外交通以及未来发展方向，依据城市总体规划对未来城市空间发展形态的安排，来进行绿网络布局。一般认为在长三角地区50万人左右的城市组团规模能够使得经济收益与自然环境达到平衡状态，以居住区人口密度2万人/km²推论，这需要25km²的土地。因此在理想状态下，根据同心圆、非连续同心圆、跳跃式同心圆等城镇形态的分布，利用廊道、绿环、绿楔对城镇

组团加以分割，对保留建设用地的范围加以引导。同时前文绿网络尺度的分析，分割带宽度最好大于400m。

③重新定位自然空间，规划功能性的子系统

城镇空间是居民生活的主场所，仅仅针对斑块—廊道进行的城镇空间的绿地网络布局容易忽视绿网络的其他功能的存在，在未来城镇公园及景观建设上容易出现级别不明、功能不清、外观不协调的缺点。因此，在确定绿网络的前提下，需要重新针对城镇自然空间进行功能特点的分析，规划面向低碳、居民和城市形象的三大子系统。

首先是针对碳氧平衡设置的"区域斑块—绿色廊道—城市绿地"系统；其次是针对居民休闲设置的"区域景观—中心公园—小区游园"系统；第三是针对城市形象设置的"区域绿心—滨水绿地—社区绿化"系统。

（3）适应不同城镇结构的绿网布局

长三角地区城镇一般分为城市背景区（市域非建设用地）、城市建设区（所辖县市及小城镇）、城市中心区（市区）三个层面；同时，根据第二章对长三角水网城镇特质的中观认识，该地区城镇分为：连续同心圆、非连续同心圆、跳跃同心圆和混合同心圆四种结构；而绿地生态网络本身的结构要素包含绿环、公园、农林湿地、绿廊、绿楔这个五类形式。因此适应不同城镇形态的绿网布局结构需要根据这三个层面、四种结构、五类形式进行配对，具体分析如下（表9-2）。

**适应不同城镇结构类型的绿网布局兼容性示意**　　　　表9-2

| | 连续同心圆 | | | 非连续同心圆 | | | 跳跃式同心圆 | | | 混合式同心圆 | | |
|---|---|---|---|---|---|---|---|---|---|---|---|---|
| | 城市背景区 | 城市建设区 | 中心区 | 城市背景区 | 城市建设区 | 中心区 | 城市背景区 | 城市建设区 | 中心区 | 城市背景区 | 城市建设区 | 中心区 |
| 绿环 | * | + | + | * | + | + | * | + | + | * | + | + |
| 公园 | + | + | + | + | + | + | + | + | + | + | + | + |
| 农林湿地 | + | * | － | + | + | － | + | + | － | + | + | － |
| 绿廊 | + | + | + | + | + | + | + | + | + | + | + | + |
| 绿楔 | － | * | － | － | * | + | － | + | + | － | + | + |

备注：+表示兼容，－表示不兼容，*需根据具体情况判断

我们还应该注意到，在前文网络的解析与发展中谈到绿网络的分类时第三层次的屋顶绿化，墙面绿化等内容不属于这里绿地生态网络五种形式的任何一方面，但是在日本、新加坡等国已经开展号称"第五立面"的城镇屋顶、墙面绿化，以加强城市碳氧平衡，减轻热岛效应。它们同属于绿网的一部分，是任何层面都适宜建设的内容[1]。

---

① 张浪.特大城市绿地系统布局及其构建研究——以上海为例[D].南京：南京林业大学，2007.

### 9.4.3 长三角绿地生态网络的发展趋势

#### (1) 一体化

一体化本意是指：整合两个或三个管理体系的公共要素，使其在统一管理构架下运行的模式。城市绿地系统的一体化，即把城市内绿地、城郊绿地以及周边乡村绿地纳入统一的规划管理。早在2002年编写的《城市绿地系统规划编制要求》中，就明确提出：我国城市绿地系统规划应规划建设城乡一体化大绿化。目前这一要求已被很多城市接收并付诸实施，城市绿地建设不再局限于城市以内，不再仅仅表现为城市公园、城市绿化廊道等，而应包括城乡之间更为广阔的生态绿地。营造良好的城市生态环境，不仅要保护好城市内的生态绿地空间，还要完善好城市所在区域的生态系统。一体化可以有效化解城市与乡村、局部与整体的关联问题，从更大范围内对绿地系统统筹规划，符合绿地生态形成发展的客观规律，保证了城市绿地生态效应发挥的正常性、稳定性和可持续性。

#### (2) 网络化

城市绿地的网络化表现两层要求，一是空间形式上，城市绿地要求全面覆盖，绿地网络应以多种形式分布连结到城市的每个角落；二是规划管理上，对不同的城市空间，包括：市区与郊区、游览区与居住区、广场与街道等，实施分门别类的规划管理。在城镇化进程不断加快的时候，人们对绿地网络化要求愈加迫切。城市绿地网络化的形成，需要对城市绿地的长期保护与完善，同时需要科学合理的规划布局。不少城市构建绿地系统，经历了的由分散到联系、由联系到融合，逐步走向网络连接的过程。具体实施要在统揽全局、科学规划的基础上，充分整合和调动现有绿地元素，含概市区的公园绿地、街头绿地、绿廊等；城郊的庭园、苗圃等；周边乡村的自然保护地、农田、河流等，把它们纳入统一管理范畴，同时对"真空区"、"稀薄区"实行重点补救，通过保护、重建和完善生态绿地，有计划有步骤构建起一个自然、多样、有一定自我维持能力和修复能力的动态绿色网络体系。

#### (3) 立体化

所谓"立体化"，是指对众多复杂元素构成的"点、线、面、网"集合体进行优化。绿地生态网络的立体化包括两层意思：一是绿地功能发挥的立体化，对城市绿地功能的认识，不再局限于原有的自然生态方面，应从生态、人文、景观多个方面，立体化去考量，充分认识构建绿地网络对于改善环境，发展经济，和谐社会的深层功能，从而更自觉、更积极地维护好绿地网络；二是绿地表现方式的立体化，突破"点、线、面"的传统表现方式，把农植物立体化种植模式引入绿地网络工程，在同块绿地上选择栽培高、中、低不同层次、不同色彩的植物，形成立体化视觉效果；在不同空间里把地面种植与空中种植有机结合，特别在"寸土寸金"的长三角都市圈里，可以借鉴国外的经验，在开发利用高层建筑顶层空间，发展空中绿地。如纽约福特基金会大楼的垂直庭院空间，新加坡部分高楼的屋顶花园等。立体化绿地开发，在一定层面上摆脱了对用地的依赖，同时丰富和美化了城市的再生空间，值得深入探讨和研究。

（4）多元化

多元化是中国国情的特点之一。在960万 km$^2$的土地上，大中小各类城市大约有3000多个，长三角地区城市也接近80个。各个城市的自然地理条件、经济发展水平、历史文化现状、居民生活习惯等各不相同，城市建设的基础也千差万别。绿地网络作为城市总体规划的重要部分，一方面需要取人之长，打破传统思维模式，学习借鉴外地城市的成功做法，用科学先进的方式方法规划城市绿地；另一方面必须立足实际，近年来在城市开发建设上，简单照搬照套的情况比较普遍，存在"诸城一面"之说。绿地网络建设必须从本地基础条件、群众生产生活需要出发，打造出自己的特色绿地。

## 第十章　碳网络的构成与组织

碳网络既是温室气体排放主要源头——长三角水网城镇组成的网络，又是减排任务实施的关键要素，还是未来长三角城镇群一体发展所必须构建的网络化组织。从现状来看，该网络是一切环境问题产生的根源，但又是节约土地、集约利用水资源、高效利用能源、产生规模效应的唯一方式。所以，在可以预知的未来很长一段时间内，碳排放与资源节约，环境污染与水网保护，经济增长与人类宜居的博弈点都在此处。

网络的构建是从整体层面出发的，首先实现框架上的低碳化，而后续研究的关键点在网络的结点融合处——城镇。碳网络作为其主要载体，研究应通过对该网络中不同区段中碳排放的计算找出进行网络组织的核心，进而明确组织模式和步骤。实现在区域空间结构和城镇组织方式上的低碳化并为下一步研究提供可操作的平台。

### 10.1 碳排放的计算

#### 10.1.1 基于能源消耗的碳排放总量计算

在此将低碳化规划研究具体到能源消耗层面，根据上文论述可以分析得出，长三角地区每年排放的温室气体有2/5被水网吸收，2/5进入大气，剩余的1/5则固定在陆地生态系统中。引起这些碳排放的主要原因就是煤炭、天然气、燃油等化石燃料的燃烧在给长三角地区带来充足能源的同时释放出的碳，再加上人类自身的呼吸所排出的二氧化碳，其碳释放量（DC）为：

$$DC=DE+DP$$

其中DE指化石燃料燃烧所释放的二氧化碳，DP指人类呼吸所带来的碳排放[①]。

这里依据联合国政府间气候变化专业委员会（IPCC）的报告，平均人年均碳释放量为0.079t，而燃料的碳释放具体计算式为：煤炭的碳释放量＝耗煤量×0.982（有效氧化分数）×0.73257（含碳率/t），在获得相同能量的前提下，石油和天然气的碳释放是煤炭的0.813倍和0.561倍。基于此可以算出，2008年长三角地区碳排放总量约为5.91亿t，能源消耗所释放出的为5.87亿t，占99.34%，人类呼吸仅占0.66%。按照上文所设定的1/5碳固定在陆地生态系统中，全部以林地的固定标准，则需要11.08万km²的林地（年均固碳量10.67t/hm²）来完全固定，占长三角地区总面积的一半。而2010年江苏林地面积仅为2395万亩[②]，算上全部现有生态用地约6.39万km²，陆地系统生态赤字达43.33%（表10-1）。

① 刘占成，王安建等.中国区域碳排放研究[J].地球学报，2010（5）：727-732.
② 新华网.江苏：见缝插绿绿色建设实现经济社会双丰收[DB/OL].http://csj.xinhuanet.com/2010-04/13/content_19499029.htm.

**2001—2008年长三角碳排放量及赤字**　　表10-1

| 年份 | 碳排放量（亿t） | 生态用地需求（万km²） | 实际生态用地面积（万km²） | 赤字（%） |
|---|---|---|---|---|
| 2001 | 1.32 | 2.47 | 7.79 | 0 |
| 2002 | 1.57 | 2.94 | 7.63 | 0 |
| 2003 | 1.72 | 3.22 | 7.42 | 0 |
| 2004 | 2.09 | 3.91 | 6.97 | 0 |
| 2005 | 3.08 | 5.76 | 6.92 | 0 |
| 2006 | 3.95 | 7.39 | 6.81 | 7.85% |
| 2007 | 4.69 | 8.77 | 6.62 | 24.55% |
| 2008 | 5.91 | 11.08 | 6.39 | 42.33% |

#### 10.1.2　基于城市碳排放组成部分的计算

细化到城市碳排放的各个组成部分，计算每个部分的能源消耗便于对碳网络采取有的放矢的、据有针对性的规划安排。交通、住宅、公共建筑、工业生产共同构成了长三角城镇碳排放的几大组成部分。它们之间的能源使用与$CO_2$排放量的关系式表达为：

$$CO_2 = KE^{[1]}$$

其中，$E$表示各类能源消耗量，可按一定系数折算为标准煤；$K$为由一定系数表示的碳排放强度。根据研究在长三角，$1kW \cdot h$的电力消耗一般排放0.998kg的$CO_2$、1t的标准煤燃烧排放2.45t的$CO_2$。

首先，在城镇交通方面，主要统计使用化石燃料为动力来源的汽车、飞机、轮船的年消耗量，燃油与煤的换算系数一般为0.813，根据各市统计年鉴得出长三角地区交通出行排放的二氧化碳量占据总排放量的25%左右，其中对外交通排放占交通排放总额的75%左右。其次，城镇住宅与公共建筑所带来的温室气体排放主要由使用照明、空调、热水、炊事等产生，统计数据集中在电力与天然气消耗方面。据各市统计年鉴表明长三角地区家庭生活与公共建筑能耗使用逐年上升，已经占据总排放量的9%左右。第三，生产用能所造成的碳排放和企业生产类型、工艺技术、管理水平等有关，长三角各市情况各异统计数据难以收集齐全。但是根据上文的总排量，可以得出生产排放占据排放量的主导地位，是碳网络中"颜色"最深的地块。

#### 10.1.3　未来碳排放的情景分析

（1）碳排放增加会持续。城市是自然界的一部分，碳网络也是长三角网络系统的主要组成之一。任何破坏自然生态系统平衡的物质都需要被及时制止，否则自然系统将会发生巨变来实现一个新的平衡。从上文针对长三角地区能源消耗的碳排放总量计算和城镇各类用地碳排放的统计可以看出，从2005年之后，长三角的碳氧平衡开始被打破，碳排放处于高速增长阶段。并可以预计在短时间内，随着城市化与工业化发展的不断深入，外来人口的增加、新兴工业的建造、城市交通的不断增多，新能源开发、城市规划

---

[1]　赵宏宇，郭湘闽等."碳足迹"视角下的低碳城市规划[J].规划师，2010（5）：9-16.

的实施、居民生活习惯等方面的改变都是一个长期的过程，碳排放的增长将处于难以逆转的趋势而且会持续相当长的一段时间。

（2）增速会放缓，难以明显减少。但是我们也必须注意到，从2008年至今，长三角地区已经开始重视化石燃料产生的温室气体排放加剧这一问题，仅从苏州市近年来原油和焦炭的消耗数据来看已经呈现逐年减缓的状态（表10-2）。伴随长三角三大城镇密集区的产业结构升级、能源消耗结构的逐步完善，碳排放的增速将会进一步放缓。但是必须注意到碳外溢的现象已经开始存在，不少高能耗粗放型工业有从三大核心密集区向外围圈层迁移的趋势，因此未来长三角区域内的碳排放难以明显递减。

**2005—2008年苏州市化石燃料消耗统计**　　　　表10-2

| 年份 | 燃油（万t） | 原煤（万t） |
| --- | --- | --- |
| 2005 | 82.05 | 2764.65 |
| 2006 | 70.75 | 3370.63 |
| 2007 | 68.09 | 4005.92 |
| 2008 | 63.87 | 4028.04 |

资料来源：参考文献［178］

（3）需要从交通着手对碳网络重构。碳网络是由交通作为廊道链接城镇居住用地、生产用地、公共服务用地并组成的一个整体。面对碳排量还将逐年增多的情景，城市规划层面必须从系统论的角度出发，对碳网络的组织模式重新梳理，寻求一种理想的并符合未来发展可能性的新型结构进行调整。

在具体操作层面研究认为需要针对交通与区域空间模式来进行分析研究，主要原因有三：第一，在区域层面交通的组织往往决定着一系列城镇的未来发展方向；第二，在城镇层面，交通与城镇建设相比更容易取得短期收益；第三，在交通本身层面，私人小汽车增加带来的城市拥堵问题、环境污染问题更容易被觉察而引发更多的社会矛盾。所以在碳网络的组织中，交通成为了联系区域、控制城镇、影响巨大的降低碳排放的核心抓手。

## 10.2　碳网络的组织模式

### 10.2.1　公交系统引导的城镇走廊

（1）目前长三角交通与区域城镇布局

在长三角水网城镇，由于缺乏一个区域性的领导机构导致区域规划仅仅是停留于纸面的工程，内部各部分之间往往利用多中心的组织结构，形成了简单的向心关系。区域内新城建设、城镇增长基本依托公路、沿江网络，最终形成了利于汽车出行的空间分散而内容密集的区域城镇空间组织（图10-1）。尽管，长三角地区还没有形成以汽车为主的交通模式，但是从区域空间结构来看均是以城镇内部公交与区域间的交通网络系统来进行区域城镇布局，在缺少相对应的控制措施的情况下，非常容易演变为以汽车为交通主导的高排放的区域空间格局。

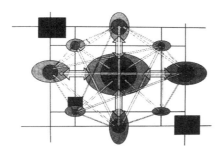

图 10-1　简单向心实质分散的城镇组织

图片来源：参考文献［132］

（2）城镇走廊模式与成败关键

参考国外著名的以交通网络系统引导区域城镇空间结构发展的成功案例，如丹麦哥本哈根地区的区域空间组织，从"二战"后规划实施的建立在轨道交通基础上的指状结构已经延续发展了 60 多年，其规划要求轨道交通站周围 1km 的土地全部用于城镇开发，并辅以建筑密度奖励的杠杆。但是，这种以轨道或公交系统引导的走廊模式成功的关键在于公共交通体系需要与区域城镇空间结构紧密联系，如果区域城镇空间结构仍然是依靠网格状道路的散布，长三角居民很有可能依然选择小汽车出行的方式。例如上海尽管投巨资建设了发达的区域空间体系，但是城镇空间与其并无太大关联，轨道、公交出行比例依旧维持在 1990 年代的 26% 左右，小汽车出行比重增加到 30% 左右，自行车等非机动车出行比重降低到 20%[1]。如果处理不当，轨道交通、公交系统将不是城市集中的推动力量，而促进了城市分散并且把高排放和拥堵也带去了那里。

因此，在长三角水网城镇密集区碳网络的布局模式应该从分散的走向由区域公共交通网络引导的城镇走廊式（图 10-2）。同时，在今后的新城开发上，必须将新老城镇布局在区域公共交通带上作为一个严格的准入条件。第三，区域公共交通网络应该与水网结合，形成反应长三角特色的景观空间，因为无论是原有依水而生的老城镇还是新城选址均与水网有关，公共交通网络作为未来开发的轴线需要提前做出能够反应地域水网风景特色的引导。

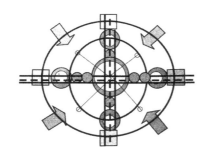

图 10-2　公交引导的城镇走廊式

图片来源：参考文献［132］

---

① 杨立峰.上海城市交通的制约因素与"后世博"解困策略[J].上海城市管理，2010（6）：16-19.

（3）长三角城市交通网络的建设方向

首先，建立适应性城市，确立以公共交通为导向的城市发展模式，以丹麦哥本哈根为例的指状城市。

其次，建立适应性公交系统，改善公共服务，建立发展适应土地要求及城市形态的轻轨公交系统、导轨式公共汽车及多层次公交系统。

第三，建立混合型交通都市，整合适应性城市及适应性公交系统，使公交发展与城市形态发展相适应。

第四，建立强大的市中心，恢复城市中心公共交通，焕发城市中心活力。

应对强化城市中心的转型。城市开发沿轨道交通站点进行，形成依托轨道交通功能混合化的城市社区。社区内限制小汽车使用，发展自行车及步行主导，货运、城市旅游、水上交通等混合交通主导，以及公共交通主导的三种交通模式。

### 10.2.2 碳网络的蔓延与社区化组织

图10-3 蔓延五要素

长三角碳网络的蔓延式开发虽然具有综合、稳定、理想化的特征，但是不同于社区化的组织为解决居民的实际需要而进行的有机进化。无序的蔓延不仅带来碳排放的不断升高，交通问题的涌现，同时，开发围绕城市进行，中心的发展反而容易被忽略；另外土地的急剧消耗不可能由政府买单，城镇无序蔓延导致的社会问题也将随之出现。

（1）蔓延五要素（图10-3）。①功能单一的连片居住区。尽管房产开发时会以未来城、国际社区等名称命名让人联想到是包含学校、商业等综合功能的邻里社区，然而却是仅包含居住功能的大面积的居住区，尽管有一部分设置了沿街商业，但是由于地处偏远，只能空置。②工业园区、物流园区、办公园区。通常围绕这些园区的是适合小汽车出行的快速公路，其功能一般仅仅提供工作场所，由一大片停车场和许多盒子状的建筑构成。③政府办公迁至新城。长三角许多城市往往先将政府办公迁至新城，办公建筑一般规模大、占地广、形式单一，从卫星地图可以看出过于分散的形态是不可能依靠步行、自行车前去办公的。④大型超市、家居市场、批发市场。它们共同的特点是步行、自行车等无碳出行方式难以达到的，并且需要建设大面积停车场，一开始周边缺少住宅与办公场所，直到吸引开发建设了连片居住也同时完成了一轮蔓延。⑤宽阔的道路。将之前四要素相互联系的道路往往具有利用率较低，缺少人行道、宽度较大的特点。由于各要素功能单一，驾车出行来满足日常活动就不足为奇了。

（2）社区化组织的五个重点。社区是一个社会学名词，是指聚居在一定地域范围内的人们所组成的社会生活共同体[1]。然而长三角大部分被城市蔓延所覆盖的区域恰恰缺乏由人组成的社会生活，而是产生了一种依赖汽车的环境。研究认为水网城镇空间内的社区化组织必须遵循以下五个重点（图10-4）。

第一，结合水网组织的中心。它既是水网城镇文化与韵味的反应和延续，也起到商业、文艺、休闲的功能。

第二，混合用地。不同于功能单一的居住区，而是传统街区用地布置的螺旋式上升过程，是功能混合的建筑与大小适应的体量的组合。

第三，窄、密、多的街道。宽度窄、路网密、功能多的街道有机系统使相邻道路之间的面宽变小，约为500m，既可以有效分流交通，又为行人交流、漫步提供空间，同时车辆起停也不再急促。

第四，"触手可及"的日常生活。社区化组织内的居民骑车出行时间不超过15min，约为5km的范围圈，工作、居住、购物均在这个范围内。

第五，反映社区文化的标志建筑或广场。在社区环境中，反应社区文化的建筑与广场有可能与中心一起布置，也可以在其他特殊场地建设，内容包含社区内学校、休闲广场、集市等，反应内部社会结构又对其结构提供支持[2]。

### 10.2.3　长三角碳网络的理想模式

（1）公交、水网共同主导的空间紧凑化布局。

在区域层面，长三角的城镇空间结构紧密联系公交走廊发展，遏制交通出行以小汽车为主的发展趋势。同时公交走廊的布置应在充分尊重自然环境的基础上，结合水系网络进行构建，第一，延续了老城与水网相辅相生的空间形态；第二，保证了沿公交走廊开发地区的景观品质与地区特色；第三，发挥水网碳汇功能与降低城市热岛效应的作用，保证城镇健康发展与生态安全。

城镇空间层面，积极利用公共交通网络带来的运输成本降低与水网周边景观品质提升所带来的空间集聚效应，在周边合理范围内安排城镇各项用地、产业结构和重大基础设施并给予容积率奖励，避免出现功能单一的用地，形成不同等级、不同规模的紧凑化布局结构（图10-5）。

与水网垂直的中轴

居住商业混合布置

层次丰富的街道

5公里的生活范围

反应社区文化的标志

图10-4　社区组织五重点
图片来源：杭州钱江新城建
　　　　　设委员会.

---

[1]　全国科学技术名词审定委员会.社区[DB/OL]. http://baike.baidu.com/view/49629.htm.
[2]　Duany A，Plater-Zyberk E，Speck J.郊区国家：蔓延的兴起与美国梦地方衰落[M]. 苏薇，左进等译.武汉：华中科技大学出版社，2008.

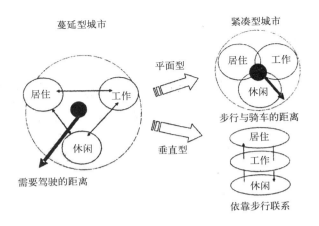

图10-5　城镇紧凑化布局结构
图片来源：参考文献［20］

（2）填充式土地开发，混合式社区整合。

目前长三角有相当数量的城镇采用"蛙跳"式的开发模式，使新城与老城之间留下了大量的"灰色"（Greyfield，城镇内部没有被开发的地块）与"棕色"（Brownfield，城镇内部已经开发但没有被充分使用或废弃、被污染的地块）用地[①]。为减少城镇开发对周边农田、林地等绿网络与水网络的破坏，保证城镇低碳化建设，填充式开发是城镇土地循环利用与紧凑化发展的重要手段。灰色地块应根据大小不同分别采用渐进式与整体式的开发手段，控制好土地使用的混合与整体性丧失之间的平衡。棕色用地可根据使用价值与文化价值进行衡量，确定用地性质（表10-3）。与此同时，两类用地建设的最终方向均是向混合型社区发展。

低碳规划的填充式开发要求　　　　　　　　　　　　　　表10-3

|  | 灰地（未开发地块） | 棕地（废弃地块） |
| --- | --- | --- |
| 规划重点 | 地块大小、周边景观环境、基础设施、公共服务设施 | 地块大小、地块区位、功能特征、周边环境 |
| 控制措施 | 容积率、绿地率、设施配置、开发强度、用地性质 | 容积率奖励、防止破坏措施、税收制度 |

资料来源：改绘自参考文献[21]

在长三角地区的低碳化建设中，旧城改造与更新、新城建设或是填充式开发的最终目的都将是在用地布局层面上打破传统功能分区，混合不同组团依靠公共交通线路或轨道进行联系；在居民日常生活层面上，强调混合功能的社区建设，引导居民居住在工作地点与公共服务设施附近，促进城镇开发从外延式向内涵式发展[②]。

---

① 罗莎林德，格林斯坦，耶希姆，松古埃希马尔茨.循环城市：城市土地利用与再利用[M].北京：商务印书馆，2007.

② 陈飞、诸大建等.城市低碳交通发展模型、现状问题及目标策略[J].城市规划学刊，2009（6）：39-47.

（3）自行车与公交系统结合的交通出行。

就交通出行的碳排放量来看，步行＜自行车＜公共交通＜商业货运＜多人合乘小汽车＜单人驾驶小汽车，因此在发达国家普遍认为可持续的土地利用需要减小出行距离和出行需求以及最低碳的城镇交通出行方式为自行车＋公共交通[①]。

对于公共交通出行的观点已经非常普遍，包括延伸出的 TOD 等用地布局与交通出行的发展模式。但是研究认为公交优先对于碳网络组织的重点应该是公共交通或轨道交通走廊的先导，对于长三角地区已经建设的比较完备的高速公路网络，可以划定专门车道供区域公交同行。同时在自行车使用依然普遍的长三角，其既可以作为社区内 5km 范围圈出行的主要工具，也可以与公交结合扩大公共交通的服务半径（图 10-6），尤其对长三角大量的小城镇来说，自行车的推广与发展的程度足以代表镇区建设低碳化的水平。这里还必须指出，长三角水网地区天然的水系纵横的环境特征，滨水绿地的交通规划应当考虑自行车使用的需要，形成水网地区的自行车出行体系。

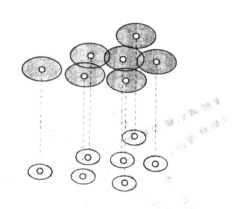

以步行为导向的公交站点布局

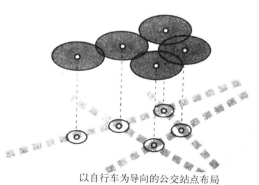

以自行车为导向的公交站点布局

图 10-6  行车＋枢纽减少公交规模
图片来源：参考文献 [1]

---

①  黄琲斐. 面向未来的城市规划和设计 [M]. 北京：中国建筑工业出版社，2004.

## 10.3　碳网络组织步骤与相关指标的研究

### 10.3.1　碳网络组织的六个步骤

碳网络组织的六个步骤侧重于对碳网络内部进行挖掘利用，其成功与否主要在于行政主管部门对于建设项目审批过程的改革：对于符合下述六条的建设项目能够快速批准，而对于扩大城镇空间、侵占绿地水网的建设项目则让其通过传统的漫长审批程序，主旨是用时间换取建设单位的效益。

第一，肯定城镇空间扩展的意义。低碳化不是否定城镇化工业化的发展，城镇空间的扩展也不是让城市停止生长，关键是在低碳化的抓手下规划碳网络与水网络、绿网络的平衡状态。因此，承认城镇空间扩展的必然性是碳网络组织的第一步。

第二，划定永久性的禁建区与暂时的郊区保留地[①]。水网城镇各级行政区范围内有相当一部分属于绿网与水网的内容，需要在区域范围内的生态敏感性分析的基础上确定不可建设的部分，做为绿地生态网络规划和水网保护规划的范围。但是我们不得不正视之前长三角许多城市的规划中尽管对城镇空间与生态网络之间设置了边界，依然难以抗拒各种外在因素影响而使得规划边界不断向外扩展。因此，必须划定永久的保护区，包括各地市域范围内的耕地、林地、苗圃、湖泊、河流、自然保护区、湿地等，形成受法律保护的有效边界。

郊区保留地是指靠近城镇基础设施、适合未来社区化开发的用地，其范围大小不固定。同时应该明确该类用地必须用于高密度、紧凑化的社区建设，而不是容积率极低的别墅群。

第三，结合水网确定公交走廊。公交走廊是碳网络组织由平面走向立面的灵魂，也是体现长三角水网地区景观风貌与文化传承的核心。它是区域层面的元素，却又紧密联系各个城镇。长三角碳网络未来的开发组织需要尽可能地布置在公交走廊沿线。

第四，划定优先建设区。包括城镇"灰色"、"棕色"和公交走廊沿线土地，由于填充式开发比侵占耕地开发所带来的收益要少，各级政府需要按照城镇填充地、郊区填充地、公交走廊沿线用地这一顺序进行开发，在此之前应明确禁止城镇空间扩展的建设行为。

第五，社区化规划建设的法规程序。与上述步骤相匹配的社区建设的法规程序应该是为鼓励混合用途的社区化建设所专门制定的，并且可以适用于郊区保留地、优先建设区等各种范围，具体规划方法在后文探讨。

第六，分区安排其他类型用地。相当一部分功能性建设是难以进行混合的，需要单一用途的用地与之匹配，比如医院、学校、污染性工业、车站等。需要在各城镇分区的基础上进行合理安排。

### 10.3.2　相关指标的研究

研究参考DPZ建筑设计事务所绘制的健康区域组成部分（图10-7），即：社区、组团、公交走廊，来针对碳网络低碳化指标进行组织（表10-4）。

---

① Duany A，Plater-Zyberk E，Speck J 著.郊区国家：蔓延的兴起与美国梦地方衰落[M].苏薇，左进等译.武汉：华中科技大学出版社，2008.

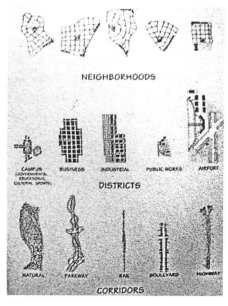

图 10-7 健康区域的组成

图片来源：Thomas E.Low绘，DPZ建筑设计事务所.

## 公交走廊、组团、地块的低碳化指标 表10-4

| 组成部分 | 低碳化指标 |
| --- | --- |
| 公交走廊 | 郊区居住区公交站点1000m半径覆盖率不小于95%；<br>区域公交主干线发车间隔不超过15min；<br>区域道路网络系统中公交专用道或优先道的比例大于20%，联系主要城镇的高速公路设置公交专用道，高速公路设置多人合称车辆通道；<br>公交枢纽3km范围内覆盖不小于60%的工作岗位；<br>城镇每个发展方向都应具有一条以上的公共交通（轨道、BRT或公交专用道路）走廊；<br>城镇快速路网中设置公交专用道>90%，主要道路网>50%，公交主干线发车间隔<3min |
| 组团 | 居民平均出行45分钟内抵达区域中心；<br>居住开发90%在公共交通枢纽3km范围内；<br>区级教育、工作、卫生医疗、商贸在居住区3km范围内；<br>居住区周围3km范围内就业岗位与居住区就业人口的比值达到70%；<br>城镇人均建设用地在100m²以内；<br>城镇中心与公交枢纽结合，耦合度>80%，公共设施建设在公交枢纽300m范围内，保证公交出行人口达到60%；<br>学校、医院等设施分布在社区3km范围内，居民出行在3km范围内>60%。6km范围外<20%；<br>学生步行或自行车去学校的平均距离<2km |
| 社区 | 社区建设选址在公交枢纽2km范围内，地块尺度<300m；<br>社区周边3km范围内就业岗位与内部就业人口的比值>70%；<br>近期停车位配置<30%；<br>居住小区的封闭地块长度<200m；<br>社区医院、学校分布在500m步行范围内；<br>社区的居住密度>420人/hm²；<br>社区内步行道与自行车道连通度100%，林荫长度>80%的总线长；<br>社区公园应布置在10min步行可达范围内；<br>社区内20%的居住划定为经济适用房 |

# 第四部分　低碳水网城市的组织与构建

城市规划中任何问题的最终解决都将在城镇落实。尽管在传统生态城市规划中有观点认为"重点是不可建的地区（水网，绿网），在哪里建留给市场解决"，但是失去规划本身作为城市管理依据的功能，完全市场化的结果在之前的住房问题中已反映的淋漓尽致了。低碳化的规划程序最终必须以城镇为落脚点，有以下四点原因：

第一，长三角地区有75%的碳排放由城镇"买单"，并且排放的趋势在未来的一段时间内难以缓解。第二，由于全球化市场联系的不断加强、地区化资源配置的不断深化、工业化生产种类的不断增多、居民生活水平的不断提高都促使着长三角城镇空间的不断扩张。第三，网络系统的构建重点是在土地利用层面单方面针对水网、绿地和建设用地进行的系统规划方法的研究，目的是长三角复合生态系统的建设，研究内容集中在模式选择与要素构建，属于"上层建筑"的范畴。第四，低碳化规划需要解决的是随着城镇化与工业化快速发展，产生的能源大量消耗引起的温室气体大量排放和人口高度集中引起的城市无序蔓延，而最终导致的水网污染、绿地消失、气温升高的问题。但是，不可否认，城市在过去、现在和将来都会是最集约利用资源的空间形式，资源利用、环境污染、社会矛盾等一系列问题也必须依靠城镇化的推进来解决。

基于以上四点原因，研究需要追溯碳排放的源头而将重点聚焦于城镇建设用地，根据前文对城镇范围、开发建设层面的分析和现状问题的认识，正视长三角城镇的空间不断扩展，寻找水网城镇未来发展方向，将研究集中在城镇形态的优化。其本质是需要延续网络构建的系统化方法并实现"三网"的融合，从城镇外部空间和内部实体两个方面探寻低碳化的水网城镇形态。

本部分秉承低碳化的最终实现必须在城镇落实的观点，承接三种网络构建后的网络在城镇内部融合的研究。主要分为以节能高效为目的的城镇外部空间形态优化和以增加城镇宜居性、居民舒适度为目的的内部实体形态优化两部分。

在确定长三角水网城镇的低碳化外部形态必须与水网结合，保证绿网规模、发展轴线依据公共交通线路确定、形成城镇—组团—地块的层级模式的原则之后，在总体上研究了城镇规模宜居密度控制的合理性及城镇形态的引导方法；在水网、绿网与城镇建设用地的融合上研究了水网的进化方式和利用绿网的"磁力"进行组织布局的方法；在重点适应不同城镇的优化方法中，研究在确定实施程序与控制方法的基础上以长三角区域空间格局为基础，分别对环太湖都市密集区、沿江杭州湾都市密集区、外围一般城市和小城镇做了形态优化方法的探索；最终在地块开发建设层面，以动态性的规划编制方法，低碳化的地块尺度、混合化的地块居民三层次的研究确保城镇外部空间形态的低碳化。

　　在城镇内部实体空间的低碳化研究中，首先对由水网、绿网组成的开敞空间，公共空间、人工环境即建筑空间这三种构成城镇实体空间的主要要素进行探索。研究确定开敞空间在城镇层面、组团层面、地块层面不同的低碳化控制指标；并根据公共空间人流集中性的特点，针对不同季节提出了公共空间设计的要点；同时将城镇人工环境分为实体组成要素、建筑组合和建筑元素三层面提出了低碳化规划设计方法和原则。其次，在实体空间优化方法的研究中紧抓长三角气候环境条件这一核心要素，通过适应该地区自然生态特点的地块选择、结构密度、街道网络、开敞空间和建筑实体的设计方法研究最终完成本章节关于城镇形态优化的主要内容。第三，研究探索了宜居性图像的建立来对城镇实体空间设计是否保证居民舒适性、环境低碳化进行检验，来确保规划设计的合理性。

## 第十一章 城镇内外形态及优化标准与原则

城市形态体现为主客体要素之间的复杂作用关系[①]。包括两部分：一是城镇外部形态，是在一定范围内体现城镇各种功能活动的外部空间形态；二是指城镇内部形态，是包含城镇物质构成要素的内部实体形态。城镇内外形态是一种多因素综合作用的结果，其扩展变化既与其内部结构的改变密切相关，也与其周围环境的变化有关。环境主要包括地形、水网等自然条件，以及交通、政府规划、城镇的经济实力、与农田保护区距离、与大中城镇联系紧密程度等社会经济因素[②]。

同时，必须注意到不同于第二章关于城镇结构类型的几种同心圆模式研究，表示的现状城镇空间结构关系；低碳化城市形态的优化更偏重于规划城镇未来的发展方向；一切形态只是表征，影响形态的要素包含自然力与非自然力作用的两个方面才是研究的关键。

### 11.1 外部空间形态：城镇空间低碳化发展的方向

城镇外部空间形态的组织决定了城镇未来空间拓展的方向，其与城镇规模、性质、功能分区、交通出行方式、产业空间布局等密切相关，在城镇低碳化层面直接影响城镇温室气体排放的数量和绿网络、水网络的健康发展状况。因此这里总结四种典型的城镇外部空间形态的优缺点，为下一步长三角水网城镇形态的优化做准备。

#### 11.1.1 外部空间形态类型

（1）中心团块型

图11-1 中心团块型
图片来源：苏州市规划局.苏州城市总体规划
（2007—2020）.

目前，长三角水网地区主要城市形态大为中心团块型，演化过程往往是由与水网密切联系的老城向四周或者某个方向扩张，形成多中心团块状发展或单中心团块状发展（图11-1）。作为一个相对均匀的城镇形态，城市的大部分功能集中在一个或数个高密度的连续体之内，是一种相对而言最集中的形态。城镇的团块状、中心单一、环路建设并且在城镇延伸部分与水网逐渐脱离关系往往成为这种形态的最大特征。

虽然这样的城镇进行高密度开发、占地相对不高，城镇形态完整紧凑，但是随着城

---

① 朱东风.城市空间研究回顾与展望——兼论城市空间主客体性的融合[J].现代城市研究，2005（12）：35-42.
② 杨山.南京城镇空间形态的度量和分析[J].长江流域资源与环境，2004（1）：7-11.

镇化的发展，集聚程度的增高会出现这种形态所能容纳的极限，之后它的集聚效应、集约化功能会走向反面，造成土地价值大幅上涨、城镇污染加剧市内交通堵塞严重、城市舒适度下降等。所以，这样的形态在长三角地区适合中小城镇结合水网进行发展，以确保城镇内部的低碳化；而相对于大型都市，由于城镇中心的辐射范围有其局限性、城镇边缘区也很难得到充分发展，形态一旦超过一定规模，随着城镇运行效率的下降，也就不再集约紧凑了。

（2）沿轴扩展型

长三角地区的沿轴扩展型城镇主要分布在长江流域的沿江发展的城镇和沿上海—南京、杭州—宁波等高等级公路发展的小城镇（图11-2）。这种形态的城镇分布较为紧凑，但是由于交通轴线带来了土地利用的均衡化，整个城镇缺乏主要核心。这种城镇形态若能建设成为沿发展轴线进行公共交通系统开发，所有土地沿线高密度建设、公共服务设施与开敞空间都在步行与自行车范围内，将是一个交通效率高、城镇发展低碳化的城镇形态。

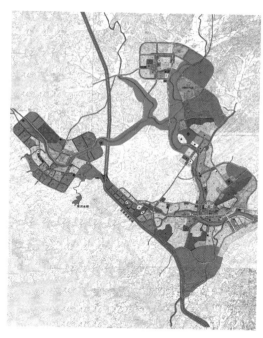

图11-2 沿轴扩展型
图片来源：岳西县规划局. 岳西县总体规划（2006-2020）.

然而，采用这种形态的城镇规模需要控制在适度范围内，否则无限制的横向距离将导致交通线过长。这是一种适合水网地区小城镇采用的形态，以高速公交作为小城镇内部的主要通勤方式，结合水网布置镇内组团，形成带状组团式的小城镇形态。这种形态对于大城市难以独立存在，如常州、无锡，目前也有沿轴发展的趋向，但是只能做为一种方式将老城与新城联系起来形成多中心的星状（指状）发展形态。

（3）跳跃发展型

在长三角临江或临海的城镇，老城与新城之间普遍采用跳跃发展的形态，形成一种多核分散的结构（图11-3）。研究认为这种结构最初来源于霍华德的田园城市模型，但是该模型的核心需要解决严格控制每个卫星城的规模，并且加强整体城镇中的交通联系形成一个完成的紧凑的外部空间形态，这是该形态能否健康运行的关键。因此，跳跃发展的多核形态的发展需要关注每个组团的规模和相互联系的效率。

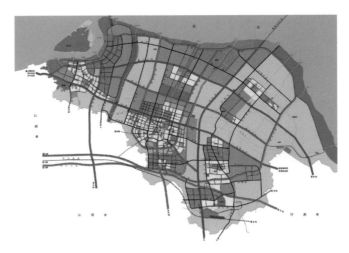

图11-3　跳跃发展型
图片来源：张家港市规划局.张家港市总体规划.

然而，该形态在实际发展中很难取得理想化的结果，以经济产值为评价标准，南京浦口区、常州新北区、南通开发区、宁波港区都是采用跳跃开发却在2002年之前很长一段时间内没有取得预计结果的典型（表11-1）。主要原因在于中心城规模难以控制、城市之间联系使交通量剧增造成拥堵，过近则会引起填充式开发、过远联系不紧密交通耗时增加。所以跳跃发展的形态在解决好新城与老城联系及相互规模的基础上，属于一种解决城镇团块化蔓延的有效方式。

长三角部分城市跳跃发展经济成果一览　　　　　　　　　　　　　　表11-1

| 新区 | GDP | | | | 面积 | | | |
|---|---|---|---|---|---|---|---|---|
| | 1990年（亿元） | 2002年（亿元） | 增长率（%） | 年平均增长率（%） | 1990年（km²） | 2002年（km²） | 增长率（%） | 年平均增长率（%） |
| 上海市浦东新区 | 479 | 4893 | 1022 | 85 | 248 | 550 | 222 | 18 |
| 苏州金鸡湖工业园区 | 40 | 618 | 1545 | 129 | 37 | 109 | 295 | 25 |
| 南京市浦口区 | 108 | 981 | 908 | 76 | 129 | 212 | 164 | 14 |
| 常州市新北区 | 34 | 225 | 662 | 55 | 38 | 71 | 187 | 16 |
| 南通市新区 | 22 | 190 | 864 | 72 | 26 | 73 | 281 | 23 |
| 宁波港区 | 49 | 581 | 1186 | 99 | 58 | 74 | 128 | 11 |
| 舟山，新区 | 17 | 86 | 506 | 42 | 19 | 55 | 289 | 24 |

资料来源：改绘自参考文献[111]。

（4）星状（指状）型

星状（指状）的城镇形态是指沿多条发展轴线建设，利用快速公交或轨道系统形成发展主轴，城镇建设沿轴线高密度开发（图11-4）。其优点在于：①疏导城镇中心人口、形式灵活、易于与水网结合；②易于公共交通组织，主次中心联系便捷；③各发展轴之间适合楔形绿地建设，保证城镇低碳化运行。如果规划建设不合理则会出现：①处于多条轴线交汇点的城镇中心压力过大；②轴线过长会导致中心地位减弱，造成公共服务设施发展失衡；③如果对形态控制不当，各轴线之间的绿楔将被建设用地填充，回归到中心团块型的形态。

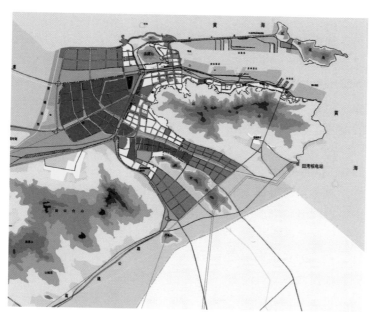

图11-4 星状（指状）型
图片来源：连云港市规划局. 连云港总体规划（2004-2020）

长三角都市圈中的各城镇，如上海、常州、苏州等地提出了星状（指状）型发展的构思，但大都还没有形成明显的形态。这些大城市或特大城市在长三角城镇化过程中，城市膨胀、人口剧增，星状指状的合理形态尽管在欧洲的哥本哈根、莫斯科、兰斯塔德等地区取得了成功，但面对长三角特殊的水网环境、单位面积的人口数量任何一种单一形态都难以适应城镇外部空间扩展的需求，在下面的优化中，需要综合考量圈层结构、水网特征和城镇形态之间的关系，找到一种复合的城镇形态来符合该地区低碳化的规划建设要求。

11.1.2 低碳化外部空间形态的标准

低碳化的水网城镇外部空间形态只是表征，其共通的结果在上层次受到政治、经济与水网、绿地等下垫面的作用；在中层次受到城镇规模、功能、交通布局方式的影响；在下层次又离不开居民意愿选择、土地价值等因素。因此，低碳化的城镇形态需要在符合城镇性质、规模、功能等基本要求的基础上，能够满足以下要求：

第一，结合水网布局的城镇形态。尽管在城镇内部，水网的经济与交通功能在当前早已弱化，但是其生态功能、景观功能、文化功能是长三角低碳城镇建设必须紧抓的关键，因为有水网就有绿地，它们的共同作用实现城镇碳汇；发扬水文化传承水文化是实现长三角低碳社会、低碳生活方式的一部分。

第二，城镇内部合理的绿网规模。从理论上讲，城镇内部绿网规模与城镇建设用地规模相当，利于城镇碳排放的汇聚、上升与下降气流的截面面积相近使得内部空气循环达到最佳状态，但是实际情况下，结合城镇自然资源、根据城镇未来发展形态确定绿网结构保证主要绿环或绿楔宽度不少于500m可以有效保证城镇废气的过滤效能和动植物的生存。

第三，主要发展轴线沿公交走廊确定。无论城镇未来形态是跨越式发展或轴向延伸，老城与新城关系属于外延、隔离或是飞地，它们之间发展的主要轴线必须建设成为公交走廊，并限制小汽车的发展。

第四，城镇—组团—地块的形态结构。利用水网络和绿地生态网络分解城镇形成规模大小适当的组团，组团内部根据不同地块高密度开发，在区域范围内看将各个城镇"溶解"于整个自然生态系统之中。

11.1.3  形态优化的原则

（1）生态性。尊重和利用长三角各城镇范围内的自然环境是外部空间形态优化的基础，完善的绿地生态网络和滨水水网络构建是形态优化的保障，结合水—绿网络形成多中心的城镇形态是优化的最终归宿。

（2）动态性。精确的城市形态优化是困难的，尤其在长三角高速发展地区，在优化过程中需要认识到任何城镇不可能有一个静止的最佳状态，既需要选择合适的区位作为城镇生长的空间，也需要留足空间扩展的土地。同时，城镇形态的结构上需要表现出弹性，不同发展方向都需要有各类用地可以建设的空间。

（3）协调性。城市外部空间的形态需要与规模相匹配，并且能随着城镇化水平的提高伴随其规模向合理的状态演化；形态在与城镇功能的相互关系中同样需要满足功能的要求以及适应城镇发展带来功能的调整。

（4）经济性。城镇形态的低碳化除了绿网水网构建所起的碳汇作用、通过规划手段减少城镇碳排放外，通过土地买卖的价值规律针对城镇经济发展安排最大效益的空间区位，集约化的利用现有资源，发挥城镇各项设施的最大效用是未来低碳城镇形态所必须具备的经济性特征。

## 11.2  内部实体形态：城镇宜居性和舒适度的问题

提高城镇内部宜居性和舒适度就是低碳化。城市良好的生态环境是城市舒适度提升的前提，直接关系到城市能源的利用率、温室气体交换频率和水网绿网的碳汇效率。城镇内部实体形态的物理结构布置不仅对城镇能源消耗具有重要影响，对城镇生境，如通风、热环境、空气质量，也具有重要作用。这里分析实体要素对城镇生境的主要影响，使通过实体形态设计对城镇生境品质的提升成为可能。

11.2.1　内部实体形态要素

（1）城镇建筑

①在城镇通风方面，由于基地环境、建筑高度与建筑密度的差别会引起不同的梯度
风。风速随着基地环境的不同而变化，一般从开放空间向建筑密度愈高的区域递减；同
时，建筑高度相似的建筑密集区会由于风流经过时产生便宜而形成"顶棚效应"，在夏
天时建筑物之间的热量、浑浊气体无法排出带，来相关城镇地段空间宜居性和舒适度下
降（图11-5）。

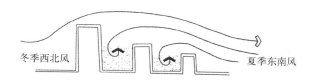

**图11-5　实体组合与通风的关系示意**
图片来源：参考文献［64］

②在城镇热岛效应方面，每提高10%的建筑密度，城镇气温升高0.06 ～ 0.14℃；每
提高10%的容积率，城镇气温升高0.04 ～ 0.10℃[①]。同时人口规蓦地增加，热岛效应就
越明显。根据Oke（1987）设计的关于热岛效应（$T$）、人口规模（$P$）和风速（$U$）的
公式为：

$$T=P^{0.27}/4U^{0.56}$$

所以，通过城市内部形态设计降低建筑密度、构建导风廊道、限制城镇人口规模都
具有良好的低碳性。

③在城镇能源消耗方面，紧凑密集的城市形态的确会减少通勤距离和交通需求、减
少了建筑能量流失对节约能源、保持健康环境有重要作用，然而建筑密度的提高势必影
响了通风和日照，增加了建筑本身的能源消耗。其解决方法在外部空间形态方面需要结
合水网与绿网，组团化、社区化发展，在内部实体形态方面既需要建筑技术的进步，更
重要的是其他内部实体形态要素的相辅相成的设计。

④在城镇高层建筑、标志性建筑方面，对城镇生境的影响主要有三个方面。首先，
单栋高楼或高层建筑密集区在风速较高时容易产生剧烈的空气震动形成危险地带对周边

---

①　林宪德.城乡生态[M].台北：詹氏书局，2007.

行人带来伤害。其次，连续的高层建筑背风面会形成涡流及旋流，影响温室气体的正常
排放而形成集聚。第三，高层建筑底部开放空间内，会产生一种螺旋上升的强烈气流，
并会在下风一侧产生强烈效果，称为"角部效应"[①]（图11-6）。

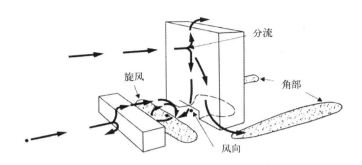

图11-6　角部效应
图片来源：参考文献 [63]

（2）城镇道路

就高宽比来讲，城镇道路与两旁建筑的几何特征是控制城镇热岛效应的一个根本因
素（Oke，1987），道路越狭窄，或者两边建筑高度（$H$）与街道宽度（$W$）比值越大，
则最大热导强度（$T_{max}$）就越大，与其公示表达为：

$$T_{max}=7.54+3.97（H/W）$$

就布局形态上来讲，在城镇内部建筑密集区，道路与
周边建筑方位、间距的形态变化会导致城镇空气质量、温
度的差异。①当道路、建筑与风向平行时，宽阔的街道降
低风通过的阻力，利于城市温室气体、废气与郊外的综合；
而如果道路狭窄或者高宽比过大容易产生强风，形成"峡
谷效应"，降低了城镇舒适性。②当道路、建筑与风向垂直
时，由于建筑对风的阻挡道路成为风影地带，存在的微风
主要是由于建筑对风的阻挡形成的螺旋型二次气流（图11-
7），在城市内部实体形态设计时需要通过高层建筑的布局来
营造竖向湍流来将污染气体排除道路空间，形成城镇内部
与郊区的循环。③当道路、建筑与风向成一定角度时，由
道路顺风面和背部低压区组成的整块空气循环区域都将获
得较好的通风条件，并且不会引起上述两种形态中所诱发
的强风情况。

一般情况下，城镇内部道路的规划形态决定了城镇建
筑的朝向，再结合开放空间共同决定了城镇各地块的通风

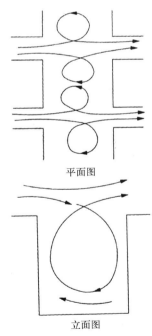

平面图

立面图

图11-7　反射的涡流
图片来源：参考文献 [79]

---

① 　陈飞.建筑与气候——夏热冬冷地区建筑风环境研究[D].上海：同济大学，2007.

能力和热岛效应的强弱。道路作为城镇内部生境好坏的主导，在水网地区形成环形放射状的网络形态，使各个地块南向均可以不大于30°朝南，可以在内部实体空间实现日照、内部温度、通风的多赢。

（3）开放空间

开放空间有如下特点：

①单一作用小。除去开放空间中的绿网与水网对碳的汇聚作用以及对周边气温的调节（图11-8），其对城镇生境的影响还取决于外部环境，如距周围建成区的距离、建筑密度和城市规模等。如果仅仅是单一性的开放空间正如简·雅各布斯（Jane Jacobs）所说，对整个城镇的空气质量效用很小[①]。

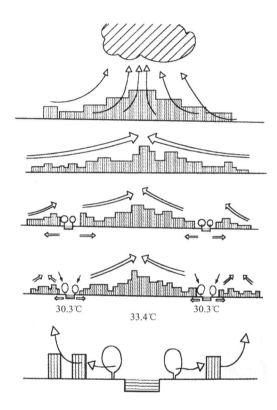

图11-8　开放空间对周边的生态作用
图片来源：参考文献［11］

②均质效果好。研究还发现开发空间内水体与绿地对城镇热岛效应的调控作用一般向周围有建筑构成的地区延伸200～400m，所以在城镇中规模不大、分布均质的开放空间比少量、集中分布的大型绿地有更好的调控作用。

③形态要舒展。开放空间的影响与其形状密切相关，一般规整的几何形状如：矩

---

[①]　（美）简·雅各布斯著.美国大城市的死与生[D].金衡山译.北京：译林出版社，2008.

形、三角形、扇形、圆形的周长与面积的比值较小，所以其生态效应不高。但是，延伸较大、形态舒展的开放空间对周围环境影响较大。

因此，开放空间的形态布置成功与否不仅在于其总面积相对于城镇建设用地而得出的比例关系，更为重要的是空间形态的舒展性和网络化的结构来获得最大的城镇舒适度收益。

（4）重要细节

城镇内部的整体温度还和屋顶、道路、建筑立面等的色彩反射率有关，据研究表明，将其从0.25改到0.40，夏季空调能耗将降低20%（Akbrai，2001）。所以，长三角地区不同纬度城镇根据自身环境控制城镇主体色彩尤其是屋顶颜色对于调控内部温度非常重要。

城市内部设计减少硬面铺装，多结合水网采用林地、草地的形式可以加大城镇透水率，加强蒸腾作用，对城镇内部蓄热导热、将低温度具有极大效果。

其他一些提高城市舒适性的方法如降低城镇光照强度的、吸收噪音的垂直绿化、为公共活动场所人们提供保护的骑楼模式等建筑景观形式的设计对于城镇整体舒适度也非常重要。

决定城镇形态是否低碳，最直接的评判标准就是是否实现了水网、绿网和城镇建设空间的融合，是否符合自然系统各元素相互交换、汇聚的尺度。为保证低碳研究的科学性和针对性，研究将城镇形态划分为外部空间形态和内部实体形态两部分分别进行低碳化标准与原则的构建。

11.2.2 低碳化形态的几个标准

（1）建筑群体的合理布局

在城镇实体形态的设计中，紧凑的建筑群体应该避免布置在城镇上风向和水域边缘区，容易形成风墙出现"逆温层"。在长三角城镇的建设中，不应出现老城四周建设高楼大厦将中心低矮的建筑包围，容易出现藏污纳垢的"人工盆地"（图11-9）。例如1996年版苏州总规未认识到跳跃古城偏心发展的重要性，为保护苏州古城风貌，旧城范围内限高24m，高密度开发的建筑群体只能安排在古城周边的四个分区中，形成了围绕古城的建筑森林。导致古城通风能力下降、风速湿度减小，并造成了严重的空气污染与热岛效应。

图11-9 人工盆地

图片来源：改绘自参考文献 [159]

（2）路网的低碳化形态

在长三角地区，从最北端的淮安到最南端的台州纬度跨度约8°，受亚热带季风气候的影响，夏季高温多雨、冬季寒冷干燥。因为路网的布局对城镇空间与周边建筑的通风、日照有很大影响，所以应该根据气候条件夏季利于通风遮阳、冬季能有更多日照，作如下安排（图11-10）：

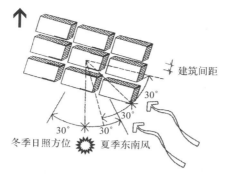

图 11-10　长三角低碳的路网形态

第一，道路地理朝向与夏季主导风向成20°—30°夹角[1]。

第二，居住区内道路宜采用有利通风的宽阔道路。

第三，城镇东西向发展及建设东西向的宽阔道路有利于日照。

第四，针对太阳基准方位适当偏转城镇建筑，增加阴影区面积。

（3）高层建筑的低碳化形态

就建筑形态来说，现代生态高层建筑的平面大多呈椭圆形，整体具有圆弧状外形，就是为了符合空气动力学原理，与冬季风成一定角度，减少冬季强烈下沉气流的产生。

就相邻建筑来说，一幢建筑的高度不应该超过相邻建筑的1倍，对于不同地块内的高度区亦是如此。因为突兀的高层会明显改变气流，形成强烈的下旋风。

随常年主导风向的高度递增可以使气流越过建筑上空，减少道路上的强风。设计从高于街道6～10m地方开始向城镇中心递增的城镇内部实体形态结构可以减弱风对道路行人的影响，提高城镇舒适度[2]。"风城"芝加哥城市中心区规划就是根据常年盛行风向进行建筑布局，从高层林立的CBD向南北两个方向逐渐降低建筑实体的高度，以保证城镇内部的宜居性（图11-11）。

图 11-11　随主导风向递增高度的芝加哥中心规划

图片来源：Department of Planning and Development.

① 徐小东.基于生物气候条件的城市设计生态策略研究[D].南京：东南大学，2005.

② 吉沃尼著.人·气候·建筑[M].陈士辚译.北京：中国建筑工业出版社，1982.

### 11.2.3 优化的总体原则

（1）掌握环境特征。对城镇气候条件和环境因素的把握对提高城镇适宜度具有重要意义。长三角各城镇特定的地形与气候条件的相互影响，尤其是利用水网环境的变化来合理的组织城镇实体空间，是实现内部温度环境的改善、实现城镇健康化、低碳化的重要手段。

（2）开放空间优先。开放空间包括城镇内部的水网与绿地生态网络，它们形成的相互关联的系统是城镇内部天然的风道和绿肺。形态规划中应该以开放空间的构建为第一准则，以建设与自然融为一体的城镇生态循环系统为最高目标。

（3）实体形态要以舒适性为前提。城镇实体形态的构建包括道路、建筑、广场以及雕塑小品等内容，它们的物理结构特征对城镇舒适性的影响十分显著，对其的形态优化需要综合当地城镇环境、利用最新的低碳建筑等相关技术来实现城镇内部气温环境的改善。

## 第十二章　城镇外部空间形态优化

对城镇外部空间的影响要素有很多，在低碳化城镇建设的背景下，需要政治、经济、文化等各个层面协同发展、共同作用才能实现形态优化的真正成功。本章笔者从城市规划角度，针对外部空间形态本身及其密切相关的要素出发，研究适合长三角水网地区不同规模城镇的低碳化形态发展模式。

### 12.1　总体控制规模与形态

#### 12.1.1　城镇规模不能仅靠密度控制

城镇密度与城镇碳排放、居民出行方式有着负相关紧密联系，早在1996年的土耳其伊斯坦布尔联合国人居城市会议上就已经确定以综合密集型城市作为未来城市形态的发展方向[①]。以美国休斯敦为首的各大小汽车为出行主导的欧美城镇无一例外的都是城镇密度极其的低（图12-1）。

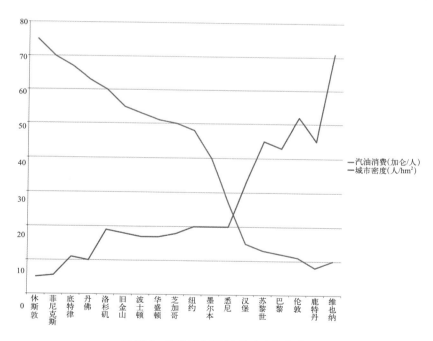

图12-1　欧美城市密度与汽车出行的关系

而目前长三角城镇基本还未被小汽车出行占主导，得益于通过城市人均建设用地指标来控制城镇规模的做法已经沿用几十年，甚至为保护耕地一度要求2010年城市用地

---

① 黄琲斐.面向未来的城市规划和设计[M].北京：中国建筑工业出版社，2004.

按90m²/人来进行规划控制[1]。然而从90年代末开始，原有的通过城镇密度指标来控制城镇规模的手段已经开始失效，很多长三角城镇甚至早早的超过了120m²/人的上限，主要基于以下两点原因。

第一，通过土地买卖成为各地政府致富捷径并带动以房地产为首的生产性服务业提升了GDP。因为原有的人均建设用地指标是在预测城镇未来人口的基础上来控制城镇规模，由于人口预测的不确定性加上长三角身处发达地区的集聚效应，在用地指标符合标准通过评审的前提下，城镇范围被大大的扩大了，实际上大多数城镇，尤其是小城镇未来人口"被增长"，导致了城镇规模变大了，人均密度降低了，用地控制突破了。

第二，不同层次的总体规划用地内容互不对应，导致人均密度指标再被突破。这主要表现在长三角地区各区县的分区规划中许多用地未被纳入市级总体规划用地平衡中，如上海市临港新城的规划面积比1999年编制的《上海市总体规划》规定的面积超出近3倍[2]。

### 12.1.2 城镇形态堵不如疏

前文讨论了通过绿地生态网络的几种构建形式，如：绿环、绿带、绿楔等，形成与城镇建设用地的共扼关系来限制城镇无序蔓延，引导空间扩展。目前，长三角许多城镇将重点放在了限制无序蔓延这一点上，没有注意到利用绿网对空间扩张的引导，期望通过绿网构筑的城镇增长边界形成环状绿地来成为城镇扩建扩展的控制线，同时通过跳出绿环建立新城的方式实现城镇形态的集约发展。然而，堵住城镇空间扩展的绿化隔离带往往会被城镇空间所吞噬[3]，而另立新城却不注意公交系统的联通反而促进了小汽车的出行主导，使得城镇形态事与愿违。例如苏州在1996年总体规划中设计了四角山水的城镇绿网形态，期望通过四角的绿楔来引导控制城镇空间扩展，但由于经济增长的冲动和空间管制的缺失，四角绿楔反而成为城镇外部空间形态中最脆弱的环节（图12-2）。

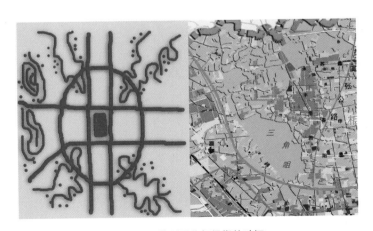

图12-2 苏州西北部绿楔的破坏

---

① 国家土地管理局.保护耕地专题调研报告[R].北京：中国国土资源部，1998.
② 汪军.城市规划用地控制方法的更新对策[D].上海：同济大学，2007.
③ 李雪研等.绿化隔离带中楼市异军突起[N].北京日报，2002.11.20.

综上所述，在长三角城镇的外部形态规划中，总体规模与形态的控制方法主要有：

（1）确定城镇发展方向之后，放松对发展方向一侧的城镇边界的限制，并制定适合当地特点的用地扩展办法。尽管总体规划的期限一般是 20 年，但是长三角大多数水网城镇不到 3 年就要重新修编，究其原因在于原先设置的城镇范围已经限制了城市发展。所以在公交走廊引导城镇发展方向的前提下，放松对城镇扩张方向的边界限制，一旦城镇建设推进到边界附近，立刻开始着手编制近期建设规划来指导城镇开发。反而可以变无序为有序，变浪费为低碳。

（2）结合区域绿地水网采用综合的布局结构引导不同的城镇扩张方向，配合空间管制的强制性条款进行管理。结合公共交通发展的星状（指状）型的外部空间形态被认为是一种低碳化的形态，但处理老城与"触角"之间的关系以及防止不同"触角"间的蔓延贯通仍需要水网与绿网的阻隔，并对"触角"的发展方向进行引导。同时为防止绿地被吞噬，还需要进行不同层次的空间管制。究其绿网被占用的根本原因在于允许开发地块往往离中心较远，而绿网中的土地景观资源得天独厚，管制措施往往难以招架利益冲动。因此，行政部门的管制措施也需要人性化、弹性化，在对较远地块的基础设施建设加强投入的同时，设置奖励措施鼓励开发商去进行城镇建设，以此来保障生态安全和低碳发展。

## 12.2　核心把握水网与绿网

### 12.2.1　水网的进化

（1）形态主导期——水源与交通的主导

世界最早的城镇发源于埃及尼罗河、西亚两河、中国黄河长江流域，可见在人类聚居的早期以及之后的相当一段时间内，均是采用临水筑城的形式。在长三角，水网不仅作为农业灌溉的水源，最主要承担起城镇人口、物资、信息的流通功能，当时的城镇大多沿水网走向呈带状空间形态布局，水运因此成为城镇形态发展的主要动力因素，主导了城镇外部空间形态的格局，是城镇各项发展的主导轴线。例如，无锡、常州倚靠京杭大运河，宁波倚靠甬江、南塘河，杭州倚靠西湖进行城市发展及形态演变，小城镇的例子更是不胜枚举。

（2）形态退化期——原本优势丧失

新中国成立后尤其是改革开放之后，长三角地区水运为主的交通方式被公路、铁路、飞机等先进方式所取代，失去了对城镇经济发展物质载体的操控力之后，水网在城镇形态中的作用进入了退化时期。表现在城镇中心区及新城建设从滨水地区向交通枢纽转移，以及工业生产与城市建设带来的污染造成了人与水之间关系的疏离[①]。因此，这个时期的城镇结构表现为以城镇中心沿道路向四周拓展的同心圆结构，城镇形态多呈单中心或多中心团块型（图 12-3）。

---

[①]　邢忠，陈诚.城市水系与城市空间结构[J].城市发展研究，2007 年 1 期：27-32.

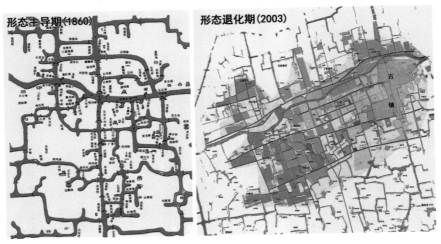

图12-3　形态主导—形态退化
图片来源：南浔市规划局.南浔市历史文化名城保护规划，2003.

（3）形态重塑期——碳汇与生态功能的主导

在长三角城镇形态的低碳化优化中，需要根据各城镇水网空间形态，因地制宜的重塑水网对城镇形态的重要作用，主要包括以下几点。

第一，水网是城镇生态、景观、文化的发展轴线。在城镇形态内部发展轴向上，水网的功能主要体现在结合绿地建设的滨水公园、绿地、都市农业和步行廊道。既作为城镇主要的景观发展轴线承载着居民休闲游憩的功能；也是重要开敞空间对城镇气温、空气进行自然调节；同时可以作为都市农业与生态网络一体化发展的重要走廊（图12-4）以及城镇交通系统的补充，利于自行车与步行交通方式的发展。

第二，水网是城镇内组团与地块的天然界限。长三角城镇的水网空间形态主要分为一水伴城、多水汇聚、网状覆盖和河湖主导的类型，其中多数城镇内部均有多条河流通过，在太湖流域的城镇市内各等级河流更是不计其数。城镇未来的低碳化发展必须从利用水网、绿网控制城镇各组团、地块的规模开始。随着水网城镇城市化的深入和外来人口的增加，城市组团规模可按上限50万人，25km²（适合自行车出行）进行开发。水网作为天然的分割界限，伴随绿地生态网络形成300～1000m的隔离带，不仅生态效果将十分显著，而且不合理的开发也难以填水造地（图12-5）。

第三，水网是融合城镇内外空间的主要骨架。作为城镇形态发展导向的水网不是独立存在于长三角自然系统之外的，而是整

图12-4　生态网络与经济的一体化规划

个水网及城镇外围环境要素在城镇中的延伸。低碳化的城镇形态不能重蹈水网形态退化期的覆辙，脱离水网进行城镇用地规划，而应该利用水网建设人工生态廊道、楔形绿地与城镇外围的自然绿地、农田、林地结合，补充水网作为城镇生态景观轴线的空间上的不足，形成完整的引导自然环境流入城镇的外部空间形态（图12-6）。

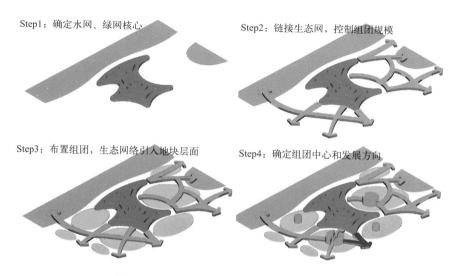

图12-5　以水网、绿网控制城镇组团规模步骤示意

图12-6　水网融合城镇内外空间示意
图片来源：沈阳市规划局.沈阳市金廊生态城市设计，2005-2020.

12.2.2 绿网的"磁力"

（1）绿网没有固定形态

从来都没有固定的绿网形态模式。这是因为城镇中绿网的构成依据不同城镇的自然山水形态、公园布局、道路系统、高压走廊、重大基础设施等，这些要素的组合各不相同，也造成了绿地生态网络在城镇中的"吸附性"和各不相同的绿网形态（图12-7）。理想化的绿地生态网络从长三角自然生态系统渗透进城镇内部，成为城镇形态的一部分形成共扼关系；并作为区域绿网的延伸段围绕水网把城镇分割包围成不同的组团，将其溶解在整个自然生态系统中。

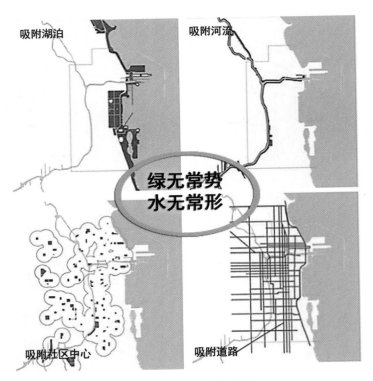

图12-7　绿网的形态与吸附

（2）磁力：绿网的吸附作用

在城镇内部，绿地生态网络的布置总是吸附于河流湖泊、道路、广场、城镇组团、社区中心和自然山体等。它不仅是城镇空间的吸附，从河流低洼处到自然山体；也是化学物质的吸附，包括温室气体、有害粉尘等。在没有任何人类作用的情况下，绿网的磁力可以吸附于城镇内部一切可以生长的地方，而规划仅仅需要进行规整设计。

所以，在城镇形态的规划中，绿网没有固定的形态模式而是通过自身的"磁力"吸附在城镇实体周围，从空间上看绿网的形态就是城镇水网、道路、组团及山体斑块的组合。低碳化的城镇形态优化研究，就是在满足城镇健康的前提下寻找合理的绿网吸附规模，构建长三角的复合生态系统（表12-1）。

长三角绿网的规模建议　　　　　　　　　　　表 12-1

| 用地类型 | 等级 | 绿网规模 |
|---|---|---|
| 水网 | 沿海沿江 | 500～2000m，平均应 1500m |
| | 重要湖泊 | 200～1000m，平均 300m 以上 |
| | 主要河道 | 20～100m，不低于平均 50m |
| | 一般河道 | 5～20m，平均应达 10m |
| 山体 | 重要山体 | 绿地率不低于 70% |
| | 一般山体 | 绿地率不低于 50% |
| 道路 | 主要道路 | 绿地率不低于 30% |
| | 次要道路 | 绿地率不低于 20% |
| | 一般道路 | 每侧宽度不低于 3m |
| | 高速公路、铁路 | 每侧不低于 50m |
| 城镇组团 | 组团周围 | 1500m 左右，保证内部 200m 的动物栖息空间 |
| | 组团内部 | 内部廊道宽度不低于 15m |
| 高压线 | 500kV | 50m 以上 |
| | 220kV | 36m 以上 |
| | 110kV 及以下 | 10～24m |
| 基础设施 | 重大基础设施 | 绿网宽度大于 40m |
| | 主要基础设施 | 绿网宽度大于 15m |

## 12.3　优化方法适应不同城镇

长三角水网地区城镇数量多，分布密集，城市现状发展水平和环境特征有差异。所以，低碳化的城市形态优化对策也应在满足城镇规模和形态的基本要求，水网与绿网的系统化构建的前提下有所区别的进行设计。然而，基础资料收集的制约和精力所限要针对不同城镇提出各具特点的城镇外部空间形态优化方法是不现实的。研究根据第五章对长三角区域空间格局系统分析的四种类型城镇，提出不同的城镇形态优化的概念模式。

### 12.3.1　形态优化的实施程序与控制要求

建立一个符合低碳化标准的城镇形态，除了需要对外部空间形态起重要作用的要素，如：规模、水网、绿网等进行系统化的分析其与城镇形态的关系，明确其在形态中的作用，规划其作为形态的组成部分引导形态向低碳化的方向发展之外；更需要从规划实施出发，对不同规划阶段的内容进行全面融合、提出相关措施与要求，制定一个符合外部空间形态原则的优化实施程序及控制要素（表 12-2）。

长三角城镇外部空间形态优化程序与要素　　　　　　　　　表12-2

| 总目标 | | 低碳化的城镇外部空间形态 | | |
|---|---|---|---|---|
| 规划层面 | | 区域范围 | 城镇单元 | 地块开发 |
| 分目标 | | "三网"的构建，区域城镇形态分散化的集中 | 实现"三网"融合，公共交通引导城镇轴向开发，内部组团化的紧凑发展 | 提高用地利用密度与效率，构造社区化的城镇结构单元 |
| 优化重点要素 | 生态网络（水网、绿网） | 水网功能区划；绿地生态系统构建；确定区域禁止建设区 | 划定城镇水网空间；安排滨水用地组织滨水交通；分析用地敏感性；结合水系和城镇现有结构组织生态网络 | 水网与绿网结合引导城镇土地开发；保证社区开敞空间属于城镇生态路网的一部分 |
| | 城镇布局 | 区域公交引导城镇走廊；城镇布局与公交系统紧密联系；空间拓展与公交轴线同步 | 划定永久禁建区和保留地；划定优先建设区；公交结合水网布置；社区化的法定程序；分区安排其他用地 | 土地混合使用；水网作为地块中心；社区要有反应文化和传统的广场或标志性建筑 |
| | 城镇规模 | 承认并为空间扩展规划；多中心轴向发展，设立中心城市，并依据区域生态网路控制规模 | 土地使用经济性与混合性；放松对扩展方向的边界限制并及时制定近期建设规划；确保开发密度，滨水绿地保证网络畅通 | 减少出行距离，适应步行、自行车、公交的开发模式；社区范围按5km骑行范围圈布置；新城用地开发奖励 |
| | 道路交通 | 道路结合水系；建设区域公交体系、观光游览路线 | 增加步行、自行车和公交出行比例；结合水系设计滨水道路断面 | 道路窄、密、多；道路的层次性；步行、自行车出行置于绿化带中 |
| 核心控制要素 | | 年人均能源消耗；水源清洁指数；生态缓冲区宽度；区域公交发车时间间隔；区域公交专用道占用比例 | 城镇中心与公交枢纽结合度；公共交通覆盖率；中水回用率；第三产业占GDP比重；建成区绿化覆盖率；平均通勤时间 | 公共交通优先度；短距离出行比例；步行道与自行车道连通度；林荫率总线长；社区居住密度；社区经济适用房比例 |

　　**12.3.2　环太湖都市密集区：网络式的市域空间，复合式的城镇形态**

　　环太湖都市密集区作为以上海为中心的长三角核心圈层，包括了一系列经济发展水平高、城镇基础设施配置完善、城镇规模庞大的城市；同时该地区又是水网最密集、人口最集中、环境最容易受到破坏的地区。该地区目前多表现为中心团块型和沿轴扩展型的外部空间形态，由于城镇规模早已超出该类型的发展极限，带来了一系列的如土地价格猛增、城市拥堵、污染加剧等问题。

　　在未来形态的优化中，在原有城镇范围内应该结合快速公交系统和轨道公交系统，采用星状（指状）型的形态发展，土地利用沿城镇"走廊"布置，轴向开发形成多中心结构（图12-8）。这里应该注意到走廊的长度应以公交系统从城市中心出发1小时内到

达走廊边缘为上限（图12-9）。考虑到远期发展在星状指状型都难以符合城镇空间扩展
要求的情况下，应结合跳跃发展型的形态结构利用原有镇区或重新建立新城，同时严格
控制两城距离，一般在20 ~ 40km范围内，防止"马赛克"式的连结。

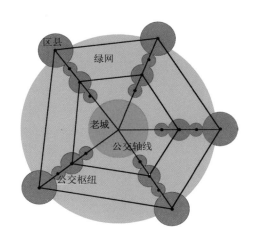

图12-8 网络式的空间形态

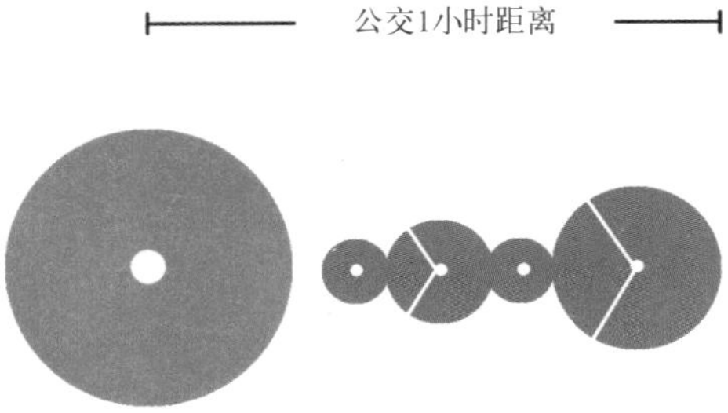

图12-9 1小时范围

从区域看，该地区经济实力雄厚、城镇化水平高且发展快速应该以建立世界性的
城镇群为目标，形成"通而不畅"的区域城镇网络形态是该地区未来发展的方向。"通"
既是指水网、绿网和轨道交通线的区域化连通，又是指快速公共交通网络上均有城镇在
20 ~ 40km的距离内进行区域化的分工协作；"不畅"是指在前者连通的前提下，要避
免城镇建设用地无限制的扩张形成以小汽车为出行主导的城市群。

城镇形态内部要以组团—地块为单位进行社区化的用地开发，以绿地生态网络和水
网作为发展边界；同时该地区的老城区往往都紧密结合水网布置，可以作为城镇绿心，
注重内部生态效益的发展；第三，各组团需要利用水体、道路、公园进行绿色风道的建
设，降低城镇污染物的积聚，形成宏观网络、中观复合、微观绿色的城镇形态。

12.3.3 沿江、杭州湾都市密集区：规划轴线形成组团、蓝绿围绕共生共扼

分别以南京、杭州为首的沿江、杭州湾都市密集区内的多数城镇还属于单中心团块

状的城镇形态。南京、杭州等中心城市选择了跨江发展建设新城的做法缓解城镇中心集聚带来的一系列问题，但是由于轨道交通建设滞后于新城发展、小汽车使用的放任、公共服务配套不到位、大部分新城居民是由于房价的原因而去新城居住，工作仍在老城内，致使原有的问题没有得到缓解，新的问题又频频出现，城镇形态规划导致碳排放一直增长。

未来的城镇土地利用应该积极调整城镇形态，规划多条城镇发展轴线形成不同组团，而不是单纯的在城镇外围建设新城（图12-10）。同时优先进行轴线上的轨道交通的建设，除杭州、南京外的城镇可以先采用BRT、公交专用道路的公共交通方式。对于已经建设的新城，产业发展大多以低端加工业、化工、医药等为主，一定要按上文标准控制沿江防护林带；同时对于新城和老城之间，距离通常在10km作用且不具备完善的公交系统，容易导致小汽车出行为主导的交通方式，在发展公共交通系统的同时要利用当地山体、林地作为天然隔离带和碳汇源，构建绿地网络防止两城的粘连。

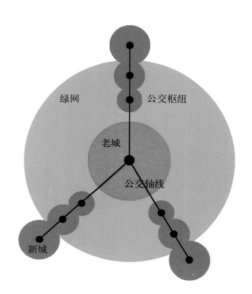

图12-10　轴线组团式的空间形态

### 12.3.4　外围一般城市：带状紧凑防止蔓延，内填开发围绕河湖

这类城镇由于各种原因都结合当地水网形成了紧凑的城镇形态，但是在2000年之后，随着新城建设的浪潮都跳跃发展，建设了各自的新区而且大多数没有绿网与水网分隔，并在此之后逐渐形成了两城之间的连绵，扩大了城镇形态。所以，长三角外围一般城市土地利用的紧凑化水平不高，内部闲散土地较多。

在未来的形态发展中，首先，应当避免跳跃发展型的城镇形态，由于该类城镇土地存储丰富很容易出现欧美的分散式的高碳发展形态；其次，应在现状新城与老城之间布置BRT等快速公交线路和专用道引导城镇形成带状紧凑的形态发展模式；第三，未来土地开发应以内填开发为主，充分利用老城边缘和两城之间的灰地、棕地实现低碳式、集约化发展；第四，该类城镇在内部沿主要河流、道路形成绿带，老城区结合湖泊、公园、山体绿心化发展，外围以农田、山林为主形成绿环，以水网与绿网的连通共同扼制城镇扩展（图12-11）。

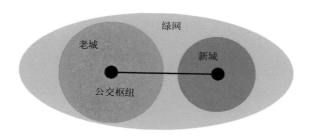

图12-11　带状紧凑式空间形态

12.3.5　小城镇：低碳交通主导发展，团块沿轴"左右逢源"

长三角地区的近千小城镇中，全国千强镇就占626个[1]，虽然其中小城镇发展水平仍有相当差距，但是城镇形态一般呈现出水网地区的单中心团块型和沿河湖、道路发展型两种特征，镇内开发密度与强度均较低。

在未来低碳化形态优化中，研究认为小城镇应首先优化镇内交通系统，尤其是镇区与各村庄集聚点的公共交通，同时发展自行车和步行等绿色交通方式；其次，因地制宜地采用渐进扩展式的中心团块型和沿轴发展的带形城镇形态，在利用城镇边际效应和区域交通带来的城镇发展的同时，新建用地要根据公交线路优化建设，以保证镇内布局的紧凑化、集约化（图12-12）。

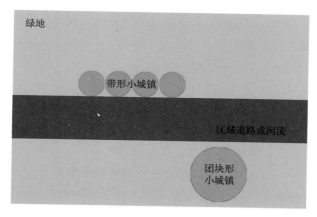

图12-12　团块沿轴式空间形态

---

[1]　中国人口与发展研究中心.全国小城镇综合发展指数评测报告[R].北京，2005.

## 12.4　合理的地块开发控制

### 12.4.1　规划编制的动态化

目前长三角广泛开展的控制性详细规划作为一种依法批地、合理开发的管理手段，尤其是全覆盖控规的流行在一定程度上起到了引导城镇地块开发控制、增强规划的全局性与统一性、体现了城乡一体促进了规划公平等良性效果。但必须注意的是，在全覆盖的控规在长三角范围内开始广泛编制之后，土地浪费严重、产出率低、重复建设不断，反而间接促进了碳排放的升高、增大了生态环境的压力，主要根源在于：第一，规划对象改变。指导土地开发控制的控规属于舶来品，在20世纪50、60年代的西方国家逐渐发展成熟，一般被用来指导旧城更新。而在长三角水网城镇，城镇化进程的深入、用地范围的扩大使得地块开发与控制的主要任务在于指导新城、新区建设，由于指标的强制性、法律地位的严肃性，规划缺乏足够弹性使"摸着石头过河"的水网城镇开发没有与经济社会发展相磨合的机会。第二，规划时效拉长。地块开发控制理应属于近期建设规划的内容，但是全覆盖的编制思路主观上使受法律保护的强制性内容成为地块开发建设的"终极蓝图"，难以想象2020年的开发项目需要使用2010年的强制性控制标准。第三，规划助长蔓延。规划的全覆盖使城镇范围内所有建设用地均可推向市场，助长了城镇蔓延，使开发控制的实际与规划原则的"有序"背离[①]。

因此，地块开发控制需要"与时俱进"，其解决方法主要分为三点：

（1）分层编制。将城市建设用地分为：组团、街坊、地块三个层面。为保持原有全覆盖控制的统一性优点，在总体规划中完成组团层面的编制内容，即：土地使用强度管制区划和相应的控制指标；街坊、地块规划成为控制性详细规划的主要内容，依照总规中的内容作为依据。

（2）分时控制。组团阶段的规划结合近期建设规划编制城镇建设用地开发时序，原则上以内填式开发"灰地"、"棕地"为主。还应考虑街坊和地块规划编制与国民经济发展规划中具体的招批租阶段相吻合，针对不同的项目开发制定具体的指标体系。如历史街区的项目加强指标的强制性、"灰地""棕地"开发注重弹性等。

（3）强制参与。土地开发建设与公众利益最为直接相关，目前引导规划的公众参与过程主要从两方面解决，首先具体执行细则，如有多少相关利益方的允许规划才能通过；加重违反规划必须进行公众参与原则的处罚力度。

### 12.4.2　地块尺度的低碳化

（1）适合自行车、步行的尺度。《景观设计师便携手册》一书中提出，一般人不愿意行走超过220m的距离，《街道的美学》一书中也要求一般不能超过500m。而目前我国城市规划所使用的道路交通设计规范要求地方地块开发尺度偏向于的小汽车使用。因此，适合自行车与步行的地块尺度的控制有利于城镇低碳化的实现。参考荷兰的经验，该国约43%的居民出行使用自行车，26%选择步行[②]，因为，各城市地块开发以优先自

---

[①]　黄明华，王阳，步茵.由控规全覆盖引起的思考[J].城市规划学刊，2009（6）：28-34.
[②]　瑟夫洛著.公交都市[M].宁恒可持续交通研究中心译.北京：中国建筑工业出版社，2007.

行车、步行出行为原则，被划分成400～600m的长方形网格，在社区层面更加细化，以保证自行车出行的速度与安全（图12-13）。在长三角水网城镇的地块划分中，结合水系条件，借鉴荷兰的开发方式，使地块大小符合自行车、步行的友好尺度就是低碳化的尺度（图12-14）。

图12-13　适合自行车步行的地块划分
图片来源：参考文献［167］

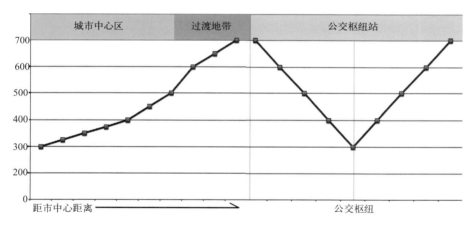

图12-14　慢行友好的低碳化地块尺度
图片来源：改绘自参考文献［132］

（2）以短距离出行为目标的用地混合。用地混合的概念早已提出，但是否真正有效混合还需要在地块开发中去控制。例如目前长三角各城镇中心居住的居民大多数并不在市中心工作，城市中心用地的混合性毋庸置疑，但是却导致了长距离通行的增加。因此，用地开发混合的目的应当是增加短距离的通勤。首先，总体规划中应当改变易引起误读的单一功能分区法，明确地块混合开发的用途；其次，在不同住区安排经济适用房以保障一定本地工作的出行；第三，鼓励企业、学校等人员集中单位与规划管理部门协同编制出行计划，增加土地混合使用的科学性。

（3）开发强度依据公交可达性水平确定。之前对与城镇外部空间形态的研究中已经提到需要从目前的中心地理论向网络嵌套理论过渡，即城镇空间拓展需要以公交为导向。而目前城市规划中地块开发强度的规划控制不是以公共交通可达性水平作为依据的，这就使公共服务设施与公交干线结合的优势发生折减，客观上增加了碳排放。因此，在开发建设中控制中心区采用慢行友好的地块尺度，随着离市中心距离的增加地块尺度在允许范围内适当加大，到一定临界点时，重新组织用地。当然，以上的中心必须与公共交通枢纽相结合。

### 12.4.3 地块居民的混合化

低碳化规划方法的研究主要针对的是环境问题。而在另一方面，规划若造成社会分异的形成将会给低碳化带来阻碍。低碳化的地块开发控制手段，如提高居住密度、改善步行环境、合理的地块尺度等方法，具有美国新城市主义的特征。借鉴西方的实践和已经出现的社会问题，我们可以看到采用理想化的规划方法制造的城市空间并未阻止城市蔓延的趋势；地块内部的生活多样化并未促进城市社区多样化的形成。因此，形态优化不能仅从物质形态着手，否则带来的是社会空间分异的结果，导致弱势群体集中居住在城镇区位优势较差的地块，有需求却没有完善的公交系统；而富裕群体在基础设施完善的地块，却依然选择高能耗的生活方式。研究认为，应该利用我国政府的行政优势，不能放任完全市场化的行为，对这些趋势应该加以控制，并在地块开发控制的规划中就应明确。其根本思想是控制社会分异，将居民混合化，在城市规划中的具体措施包括：

（1）目的一致与信息对称。城镇弱势群体集中生活趋势的形成，原因之一在于政府与他们目的不一致，信息不对称。政府关注财政收入。弱势群体关注生活去向；政府掌握地块开发的全部，弱势群体对此一无所知。因此，促进城镇居民生活的混合，最重要一点是改变政府工作思路，转变到解决居民生活问题上来；其次，对与居民最相关的用地开发的详细规划应及早公示，并可以强制性要求必须达到相关地块内半数以上居民的签字同意才可通过。

（2）住房保障与社区混合。中国城镇保障性住房建设进展顺利，中央政府明确"十二五"期间要建设3600万套城镇保障性住房，2011年已经开工1000万套，2012年开工700多万套，2013年开工600万套左右。目前一些保障房因为地价等因素还存在选址偏远、过度集中的现象。研究认为低碳化的建设形式不是集中建设，而是通过与其他形式的住房建设相混合。这里，可以借鉴英国的做法，即每一地块的住房数量必须有30%强制划拨给保障性住房，以促进不同社会阶层的混合。

（3）开发控制与面积控制。控制公共交通沿线地块开发的规模和水平，加强开发项目的审批，禁止别墅区、五星级酒店、高尔夫球场等奢侈性消费地块的开发。同时对公交沿线的住宅用地设置面积控制标准，如90m$^2$以下住房必须达到总住房数量的90%、每一居住组团面积控制在4hm$^2$左右、合理进行路网规划，杜绝50hm$^2$以上的封闭地块用于居住建设等。

# 第十三章　城镇内部实体形态优化

城镇内部实体形态的优化一般属于城市设计的主要内容，重点是针对开敞空间、公共空间、建筑实体、道路等要素按一定要求和原则进行的规划设计。在水网城镇低碳化的规划中，实体空间对低碳化产生的作用一般是间接的。由于对环境宜居性和人体舒适度的直接影响往往决定着人们的生产生活方式、交通选择、心理状态，这些行为都在一定程度上决定了城镇碳排放的高低。因此，城镇内部实体形态的优化应当以低碳化为最终目标，从城镇实体构成要素出发构建宜居、舒适的环境。

## 13.1　开敞空间的"首位度"

首位度原指一国（地区）范围内首位城市与第二位城市人口数量之比，表明某国家或地区首位城市的集聚程度[①]。在城镇环境中，开敞空间作为实体形态的一部分，具有缓解人口集聚、人工发热、水体绿地缺乏所带来的碳排放升高和热岛效应等城镇问题的重要作用，确定了开敞空间在城镇实体形态要素中的"首位"地位。

对能够发挥开敞空间最大碳汇及调节温度效果的合理形态及面积的考量，并不仅仅是做到符合国家园林城市规定的人均绿地7m²，城镇建成区绿化率30%即可；而是在总体形态上要求布局均质，单位地块中形态舒展，人均开敞空间面积达到20m²以上。因此，所谓开敞空间的"首位度"包含三个层次的内容：

其一，在城镇层面的考量上，人均开敞空间面积需要达到20m²。因为长三角各城镇水网密布，水网对城镇的低碳化意义不言而喻，这里的开敞空间面积指绿地与水体的总和。

其二，在城镇组团层面的考量上，城镇各组团的开敞空间总面积不应低于建筑群体与道路总面积的一半，以保证开敞空间在城镇各组团的均质性与面积。同时必须注意，由于开敞空间单一的作用较小，这里的计算不包括一般道路的绿化带、建筑房前屋后的绿地面积，仅仅是成片、成组、成群、成带的绿地和水体。

其三，在城镇地块层面的考量上，为保证形态舒展的开敞空间与周边环境的结合以带来碳汇和环境适宜度调节的最大化，其形态应该分别适应城郊地块、新城地块和老城地块，确保各地块30%以上的绿地率的基础上，开敞空间的"线面比"（即周长与面积的比值）要在2.5以上[②]。

一般来说，在郊区地块的建设中，为将城郊绿地渗透进地块内部，形成紧密的自然复合整体，在长三角地区可以借助河网和宽度超过30m的绿带，按照风向将地块分为约20hm²的居住小区级别的不同区域（图13-1）。

---

①　全国科学技术名词专业审核委员会首位度[DB/OL]. http://baike.baidu.com/view/1363421.htm.

②　西蒙兹著.景观设计学（第三版）[M]. 俞孔坚，王志芳译.北京：中国建筑工业出版社，2000.

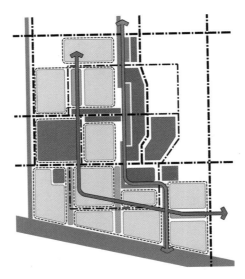

图13-1　郊区的开敞空间
图片来源：苏州市规划局.苏州凤凰城修建性详细规划，2005.

　　在新城地块，为适应长三角冬冷干、夏热湿的气候，可以借用印度昌迪加尔的开放空间模式，结合道路布置两侧各20m以上的贯穿地块的绿带，保证高密度开发建筑群体与开敞空间"互通有无"，使线性绿网穿越中心（图13-2）。

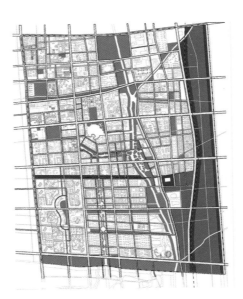

图13-2　新城的开敞空间
图片来源：盐城市规划局.盐城市城南新区概念规划（2006-2020）

　　在老城地块，由于用地紧张，建筑密集，可以借鉴前苏联模式游憩用地均级分布的方法在各级地块中心布置绿地，通过绿道、水网联系成一个多点散步的网状结构，也是一种比单独一个大型开放空间有更好生态效果的布局模式（图13-3）。

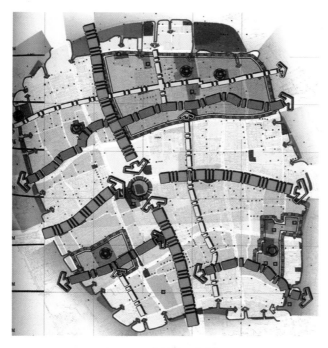

图 13-3　老城的开敞空间
图片来源：上海市规划局.上海市老城厢历史文化街区更新保护规划.

## 13.2　公共空间的生态设计

公共空间是城镇实体空间形态中的主要结点，由于属于公共资源在低碳化规划中比较容易进行生态化改造。其不仅关系到城市通透性、可达性，更关系到城市人群生存活动的舒适性、环保性。恰到好处的布局城镇公共空间，可以给人们带来更多的人文享受和绿色关怀。根据 W.White 的研究，居民对城镇公共空间最关心的是阳光和活力；其次是可达性、美学、社会影响度等。因此，具体设计应针对不同城镇的自然地理特征和生物气候条件，结合城市街道、建筑实体等布局，使公共空间选址尽可能多的接受阳光，以争取更多的日照。这里针对不同季节、不同层面的需求分别做出评述：

### 13.2.1　针对夏季

城镇公共空间设计应综合规划和利用绿化与建筑物的遮蔽功能，在特定环境的制约下设计出最佳空间。设计前必须对空间进行现场日照分析，掌握日照的时间规律和具体采光情况，然后将这些信息反馈到设计中来，趋利避害，取长补短，以提高空间的舒适度，减少其不利影响。

例如慈溪市中心区城市设计导则中，就很好地考虑到中午阳光的可及性，鼓励规划师运用附近的玻璃、花岗岩等实体建筑形成反射，降低光热吸收。与此同时，应充分注意空间周围的主导风向和绿化布置，提高通风透气效果，增加遮阴面积。建筑物可采用骑楼、连廊等人性化造型。还可以设计雨水可渗透地面，保护景观水面以达到蒸发降温的效果（图 13-4）。

图13-4　光热反射、底层架空、连廊布置的空间示意
图片来源：慈溪市规划局.慈溪市中心城区城市设计.

### 13.2.2　针对冬季

城镇公共空间设计着重规划好高大建筑与城市街道的布局，尽可能避免不利风道的形成。特别是街角旋流、下沉气流和尾流，最易影响居民活动的舒适性，需要通过合理的实体空间组织去解决。有效的设计体现在：

（1）通过调控建筑物的高度、外形和朝向，增加空间的日照面积和时间；

（2）通过增减空间周围街道、调整街道朝向，缓减和防止不利气流影响；

（3）通过防风林等绿色廊道建设，阻挡间歇性寒风侵入。

各类设计很多，关键要适合不同空间的具体情况（图13-5）。以美国旧金山城市分区规划为例，其中明确提出新建筑和现有建筑扩建部分的形体要求，或采取其他挡风措施，以控制地表气流不超过当时风速的10%，要求一年之中从上午7点到下午6点之间，步行区域内的风速不超过11英里/人（约5m/s），公共休息区域风速不超过7英里/人（约3m/s）[1]。

① 克莱尔·库珀·马库斯，卡罗琳·弗朗西斯编著.人性场所——城市开放空间设计导则(第二版)[M].俞孔坚，孙鹏，王志芳等译.北京：中国建筑工业出版社，2001.

图13-5 针对冬季的实体空间布局示意
图片来源：改绘自苏州高新区管委会.苏州新区科技城城市设计，2006.

### 13.2.3 室内空间的补充

碳排放对长三角的影响体现在极端气候的增多，例如2010年夏天上海、苏州、南京等城市曾经有数天持续40℃的高温。在这些时间段应增设室内公共空间，为居民提供常年的庇护场所，充分关注行人的需求，建设一些有遮蔽的人行天桥或地下通道[①]。还可以设计一些半室内、半室外的过渡空间，既能有效实现气候防护，又能满足人与自然接近的需求。比如，在一些欧美国家，采用温室技术营造舒适宜人的市场环境，引导商业消费，延长购物时间。较为典型的例子有：那不勒斯的购物玻璃拱廊、米兰埃曼纽尔的拱廊商业街、莫斯科的拱廊百货商店等。或者通过城市综合体的设计，将公共活动完全包含进建筑实体之中，在建筑内部纳入自然水系配置并植物等水网城镇元素来有效控制太阳辐射和灰土沙尘（图13-6）。

图13-6 纳入自然景观的建筑综合体设计
图片来源：上海世博局.中国2010年上海世界博览会规划设计.

① 冷红，郭恩章，袁青.气候城市设计对策研究[J].城市规划，2003（9）：47-52.

### 13.2.4　其他措施

设计良好的城市公共空间，除了综合考虑日照、气流、温度等因素外，在细节处理上还应解决好这样几方面问题：

（1）设计城镇公共空间不仅要关注夏季、冬季两个气候反差明显的季节特点，还要兼顾不同季节的实际情况，以求常年的舒适性。

（2）绿化植被是设计城市空间不可缺少的元素。绿化植被的选择应充分顾及特定地域的生态条件和气候特点，特别是植被类型，要符合空间塑造的季节变化，体现环保、舒适、美化的客观要求。

（3）设计城镇公共空间，不可避免要对街道、河流、建筑物及其他城市设施进行必要调整，调整要注重各种要素包括财力、交通、居民习惯等方面的综合平衡。

（4）空间设计不仅要注意周围建筑实体的造型、高度和朝向，还要考虑色彩、质感和亮度；不仅要注重空间的绿化植被布局，还要与水网有机结合，配套点缀相应的城市雕塑、优化公共空间的环境质量，满足人们的使用需求。

（5）公共空间设计中的细节问题很多，如部分城市空间存在的眩光问题、阴雨多湿季节存在的空间压抑问题等等，需要设计者立足实际，认真探索，从不同的城市空间走出不同的模式之路。

## 13.3　人工环境的三层优化

长三角水网地区传统的由若干围合式建筑单元构成的街道—场地—小巷—院落—家庭的城镇结构模式[①]，使人与周边建筑环境中构成了多层次的缓冲过度空间，热量传统因此呈现梯度变化。这就是某些城镇老城区的旧房子中，感觉冬暖夏凉的原因。

将这个热量梯度传递原理运用到水网城镇低碳化规划中，究其根本，就是丰富建筑空间的过渡层次，冬天保证热量集中在室内，夏天阻挡热量进入房间，通过实体空间组合起到节能效果，从侧面降低碳排放。现有的人工环境要素进行分类，一般包含三各层次[②]：

实体组成要素，如街道、广场、建筑群体、植物景观等；

各类建筑组合，如独栋建筑、院式建筑、联排建筑、多层建筑等；

各类建筑元素，如屋顶、窗台、墙体、地面等。

人工环境的低碳化优化就是将不同尺度空间进行合理构建以期达到改善城镇微环境的效果，形成由公共空间、半公共的过渡空间、私密空间和建筑及其本身的各类元素之间的热量梯度传递关系。尽管在长三角水网城镇低碳化规划中，这只是研究中的一个方面，属于巨系统中的一个子系统，但是着眼于不同城镇不同的自然、场地环境，这个子系统又将变得复杂起来。因此，下面的优化只是围绕低碳节能概念下从普遍问题出发进行研究，仅仅是未来行动的一部分，必须随着研究的深入细化不断补充。

---

① 徐小东.我国旧城住区更新的新视野——支撑体住宅与菊儿胡同新四合院之解析[J].新建筑，2002（2）：6-9.

② Givoni. Climate Consideration in Building and Urban Design[M].A Division of International Thomson Publishing Inc，1998.

### 13.3.1　实体组成要素的优化

**实体组成要素的优化关键**　　　　　　　　　　　　表13-1

| | 日照 | 遮阴 | 通风 | 防风 | 材质色彩 |
|---|---|---|---|---|---|
| 街道 | 配合当地落叶乔木，营造冬日暴露的街道 | 利用沿街建筑与沿路绿道内的宽叶乔木 | 重点应聚焦于夏季导热和排污 | 避免街道与风向平行布置 | 街道及两旁建筑的反射率、吸热率、防止眩光和灰尘集聚 |
| 建筑群体 | 人性化的日照系数要求，保证建筑之间的空间 | 露天空间设置方便拆卸的遮蔽装置，适合冬夏不同需要 | 重点在于增强建筑群体内部的降温 | 形成围合阻止冬季冷风 | |
| 广场 | 重点在保证与草地结合布置座椅及人们活动场所的日照 | 利用周边建筑与边缘的宽叶乔木 | 主要通道与大体量建筑周围提供开口 | 周边应布置建筑、树木，与广场空间的比例尺度不应过大 | 色彩环境宜单一，保证反射率低 |
| 植物景观 | 长三角当地的落叶乔木与常绿植物混合布置为主 | | | | |
| 停车场 | 避免日照 | 建设在树木及高大建筑周围 | 防止废气集中 | | |

资料来源：改绘自参考文献[111]。

### 13.3.2　各类建筑组合的优化

**不同建筑组合形式的优化关键**　　　　　　　　　　表13-2

| | 日照 | 遮阴 | 通风 | 防风 | 形式 |
|---|---|---|---|---|---|
| 独栋 | 日照比较容易满足 | 夏天难以遮蔽阳光，需从建筑细部元素考虑 | 通风比较容易满足 | 难以控制，取决于建筑技术及防护结构 | 需从减少热量消耗出发，采用紧凑的形式 |
| 院式 | 几乎所有空间都有充足日照 | 中央天井是处理的关键 | 通风防风均较好 | | 形体系数需要考虑 |
| 联排 | | | 风速容易过大，引起舒适度的下降，上部难以防风 | | 日照和通风较好 |
| 多层 | 容易影响周边开放空间 | 阴影较长 | 结合当地风向合理布局，通风效果取决于整体设计 | | |

资料来源：改绘自参考文献[111]。

### 13.3.3　各类建筑元素的优化

**不同建筑元素的优化关键**　　　　　　　　　　　　表13-3

| | 蓄热隔热 | 日照 | 遮阴 | 通风 | 防风 | 材质色彩 |
|---|---|---|---|---|---|---|
| 屋顶 | 坡屋顶有减少热交换的功能，而平屋顶的隔热层非常关键 | 可结合天窗及太阳能设施设置 | 平屋顶设计可采用双层屋顶建设的办法 | 平屋顶可采用双层屋顶较少热交换，而坡屋顶则可得到最大限度的日照 | | 屋顶最好是浅色，平屋顶材质需利于排水 |

| | 蓄热隔热 | 日照 | 遮阴 | 通风 | 防风 | 材质色彩 |
|---|---|---|---|---|---|---|
| 窗户 | 可使用隔热百叶或者反射玻璃 | 用于自然采暖暖 | 安装可调节的遮阳装置 | 根据风向决定窗户开启位置，适用于冬夏天 | 高层建筑可使用双层玻璃 | 避免玻璃颜色过深，吸热较高 |
| 墙体 | 材料研究，重点防止热交换提高热惰性 | | | | 材料研究，防止温度下降 | 防止灰尘和眩光 |
| 地面 | 防止热桥现象 | | | 减少不同楼层的热交换 | | 对于有直射光的地方宜采用深色 |
| 庭院 | 庭院可实现动态保温，采用阳光间的形式 | 配合植被、冬天使用可形成微气候 | 防止热集聚 | 引导形成气流利于通风 | 防止温度下降 | 减小反射，防止灰尘、眩光 |
| 阳台 | 采用一体式形式，冬季与夏季白天可关闭 | | 东西面和水平面夏季需遮阳 | 通风可利用室内外温差 | | |

资料来源：改绘自参考文献［111］。

## 13.4　适合长三角气候环境的优化方法

长三角地区属于我国暖温带气候，地处北纬29°～32°之间，其气候特点是夏季较为炎热干燥，白天温度在30℃左右，最高可达37～40℃；冬季较为寒冷，气温一般在−10～5℃；湿度变化较大，白天为30%～40%，夜晚则达80%。这样的气候条件表现为春秋两季宜居舒适，而夏季湿热需要空调，冬季干冷需要采暖。从对气候冷热的适应性分析，人类的御寒能力胜于御热能力，因为御寒加热设施办法相对简单、便宜，而防热降温设备办法则比较复杂，成本较高。目前使用最多的空调机，能耗高，污染大，费用高。在冬冷夏热的长三角地区如何创建一个相对舒适的人居环境，这是低碳化规划需要解决的重要课题。研究认为在水网地区的实体空间宜居性优化中在平面基底设计中必须以水网为根本，保证城镇内外平衡；在三维空间设计中必须以气候环境为核心，保证规划的适应性；通过两者的结合来保证城市通风廊道、街道布局和建筑规划设计的科学合理性，实现居民舒适、城镇低碳的规划目标。主要方法有如下。

### 13.4.1　开发地块的合理选择

长三角地区，伴随夏季高温、冬天寒冷现象，有一个明显特征是，冬、夏两季的主导风向经常不同，冬季主导风向为西北风，夏天主导风向为东南风。冬季的西北风常常带来的是寒流降温，夏季的东南风常常带来的凉爽雨湿。风向不同，带来的气候情况各异。

根据这一特点，在开发地块的选择上，一方面要确保在地块的东南方向没有较大幅度的起伏，如自然山体遮挡或者高大连片的建筑，以保障在夏季地块内部通风流畅，在冬季日照充足。另一方面在地块的西北部最好有高大的起伏物，可以借助山体或市内建筑来避免冬天冷风侵袭，夏日高温暴晒。如果上述情形无法避免，则必须较好地使用地块内现有水系栽种一定宽度的防护绿地来构筑生态网络，引导热排放和通风，来调节冬冷夏热的气候特点（图13-7）。

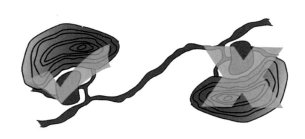

图13-7　开发地块的选择

### 13.4.2　建筑实体的结构与密度

长三角水网城镇的实体空间布局要求，首要任务是尽可能引导夏天东南季风通过城镇内部，这就对空间建筑组合、道路布置、与水网的解合度提出要求；第二是要求在冬季减少采暖能耗，又需要整体空间紧凑压缩，减小暴露面积，阻挡冷风。这一看似矛盾的要求可以通过规划与设计的细节处理，创造一种由各种实体类型混合排列的"夏天暴露分散，冬天隐形紧凑"的城市空间形态模式。

具体说，城市建筑群体设计，在朝向上尽可能采取南向、东南向，以使夏季风得到强化，冬季风得以阻挡。在实体空间的整体布局上，应该科学安排不同高度和长度的建筑实体由高至低逐级向东南方向排布。尽量将体量小的独立建筑安排在南面，然后依次是低矮、较矮、较高等的建筑类型依次布局，用地北部边界建造最高和最长建筑（图13-8）。这样，整个水网城镇由高层板式建筑、多层方形建筑、3层联排建筑、双拼或独立式建筑组成，南部形成迎合夏季季风的"凹口"状态，同时用高层建筑阻挡冬季西北风。在建筑密度上，可以考虑地块的东南区域建筑物尽可能疏散一些，以便夏季风通畅进入；西北区域建筑物密度相对高一些，以便阻挡西北风侵入。这种混合型的城市建筑规划设计，比较那些单一类型的建筑组合，总体密度、人居舒适度会更高一些。

图13-8　适合长三角气候的建筑实体布置
图片来源：参考文献［1］

### 13.4.3　街道网络的规划设计

风向是否通畅对城市宜居性和舒适度有直接影响，而城市街道的方位朝向对城市通风情况有直接影响，因此，城市街道网络的规划布局必须适应全年的风向变化。首先，街道与风向出现垂直时，沿街应避免设计长条形建筑，否则城市通风会遇到建筑物的阻碍，减弱建筑物上方的气流流动和地面风速。其次，街道平行于风向或与风向成大于45°倾斜角，将有利于产生无障碍"风道"，引导自然风穿越市区。第三，还必须注意到当街道与风向平行或基本平行时，沿街大多数建筑处于风行的"真空"区，而当街道与风向成30°以上倾斜角时，沿街建筑内部的自然通风较为有利。

因此，街道的网络规划要对城市空间的总体通风条件和建筑物自然通风情况进行综合考虑，设计出相对理想的街道方位布局方案。结合长三角地区的四季风向实际，东西走向的街道在冬天与主导风向偏北风垂直，而在夏天与主导风向东南风成30°斜角，这种街道方位和布局将有利于冬天最大限度地减少北风的影响，而在夏天则能增进街道和沿街建筑的通风（图13-9）。其次，应该加宽东西走向道路的宽度，以确保夏季通风效果的最大化；降低南北走向道路的宽度，减少冬季冷风的影响。

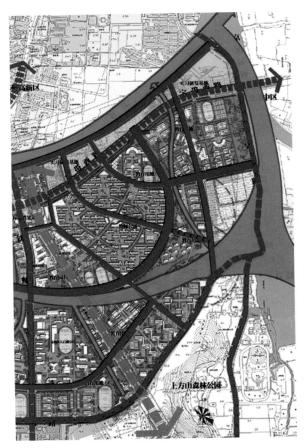

图13-9　冬季阻风、夏季通风的路网水系结合的形态
图片来源：苏州市规划局.苏州国际教育园北区详细规划，2003.

此外，这种布局对于加强冬日沿街建筑的日照也是一个不错的选择，但是由于南侧街道处于阴影范围内，对行人来说则很不理想，所以当街道与水网平行布置时，可以考虑将街道建设在水网的北侧，以保证南侧行人的日照和舒适性。在具体街道的布局规划中，需要因地制宜，通盘考虑，权衡利弊，针对季节更替特点，拿出适宜生活环境的最佳设计。

### 13.4.4　开放空间的规划设计

自然界的冬冷夏热，可以通过城市的布局规划加以调理，使炎炎夏日变得清风拂面，浓荫蔽日；寒冷冬天变得风和气静，阳光普照。创造舒适的人居环境尽管由一系列相互矛盾的参数控制着，但人们还是能从中找到双极控制的有效措施，积极加以调适，其中对城市开放空间的规划设计也是一个重要方面。

开放空间的规划设计，应根据长三角水网城镇特定的地域生态条件和气候变化特征多层次立体式采取一系列与之对应的设计方案。首先，利用水网的碳汇功能、导风功能、温度调节功能来布置城镇建筑实体，形成地块周边的微气候循环（图13-10）。其次，结合水网设计城镇绿化，重点栽种当地碳汇功能强的落叶乔木，可以利用其本身的生物特性在夏日给人们提供舒适的绿荫世界，冬日树叶尽褪不阻挡灿烂阳光。第三，开敞空间应在注意线面比的前提下尽量布置在人群集中、商业繁华地段，以适应人们室外活动出行的内在要求，特别是夏日午后酷热难耐，能有纳凉消暑之地。第四，不少城镇中的景点也属于开敞空间，却建设了封闭式围墙，阻碍了城市通风和行人视野，必须拆除或改为开放漏空的形式。

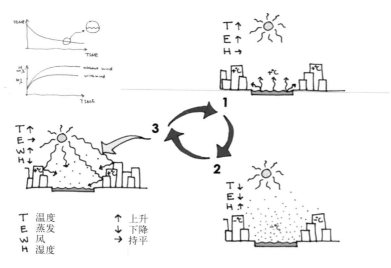

图13-10　气候微循环过程示意

## 13.5　宜居性图像的检验

温室气体排放是否减少是城镇内部实体形态优化成功与否的隐性结果，而人在城镇内部实体中的舒适感觉则是形态优化的直接结论。在城市规划中，针对城镇实体的城市设计、详细规划等一系列建设最终目标都是满足居民的身心需求，而在避免使用空调等耗能设备的前提下，进行宜居性的检验则是对规划建设是否行之有效的必要程序。一般来说，宜居性的检验方法最有效、直接的就是问卷调查，但在长三角地区日新月异的城镇风貌中，对于还处于规划阶段的城镇用地单元则无能为力。因此，宜居性图像检验方法的研究，有助于对规划成果的低碳性与舒适性做出检验、修正。

### 13.5.1　紧扣热环境

居民对长三角水网城镇实体构筑空间的感知主要来自遮阳、日照、风力、温度等物理感知和空间意向、环境刺激、个人感情等心理感知两方面。这些具体的参数都对宜居性的评价具有一定作用，但是因为心理要素难以得到定量的研究，只能配合问卷调查进行广泛的公众参与来解决。本书重点针对物理感知方面的参数与宜居性的关系进行研究。

第一，研究针对热环境。无论是碳排放还是城镇热岛效应的研究，与居民舒适度的直接关系就是所处空间热环境的变化，这里研究首先确定物理参数主要围绕影响热环境的相关指标来选定。

第二，热环境分布不均衡。热岛效应揭示的城镇温度从中心向周围递减的规律，以及已有研究确定的城镇公园内温度要比中心温度低 $2 \sim 3\,^{\circ}\mathrm{C}$[1]，同时还发现街道广场相较城镇其他地方的温差与其暴露程度有关[2]，都证明了城镇中热环境分布不均衡，可以通过实体空间的组合进行调整。

第三，关注静态地区。尽管热环境相同，但是世博会中热门馆前等候的人群所感受的舒适性要远低于那些正在走动的人们。国外研究表明，城镇中如等公交、朋友的静止行人对热环境不满意的程度是行动中行人的两倍[3]。所以在图像的检验中，要更关注那些有可能有行人停留等待的地方。

### 13.5.2　适合长三角的参数选择

长三角冬冷夏热、冬干夏湿的气候条件决定了城镇宜居性的物理感知方面主要与温度、光辐射和风速有关，所以在进行参数选择时将这三点作为主要研究对象。

（1）对于温度来说，城镇不同区域及各地块封闭程度影响着温度变化的梯度，可以结合天空视角系数作为衡量方法，得到所需要的参数。

（2）对于光辐射来说，利用软件分析与城镇实体空间相关的阴影图像在一天中的分布是比较简单的。

（3）由于风速的测量比较复杂，受实体环境影响较大，需要在城镇主导风向中引入"风影"的概念进行测算，即反向推导没有风的区域。

利用这三项系数就可以对城镇地块单元的宜居性图像进行检验。

---

① Santamouris M.Energy and Climate in Urban Environment[M].James and James，Ltd，London，2001.
② T.R.Oke.Boundary Layer Climates[M].Paris：Routledge，1987.
③ Chip Sullivan.Garden and Climate[M].New York：McGraW-Hill，2002.

### 13.5.3 四位图像建立方法

宜居性图像的建立就是将部分或全部参数的分析图像进行叠加，得到最终成果用于分析判断和改善等。首先，将光辐射和风影图像叠加，会出现四种区域。即：无风阴影、无风阳光、有风阴影、有风阳光。图13-11就是显示的某地区的叠加图，该图可以直观判断环境适宜度的潜力，也可以对其他参数进行交叉分析。图13-12对该地区的不同环境区域进行统计，清晰的显示了一个无风阳光占主导的环境，在除夏天以外的其他季节里，人们对这种区域是不会感觉不适的，相反在冬天的午间则是最好的活动场所；但在夏季极热的时候，这一区域由于无风还会引起湿度大大增加，成为极不宜居的环境[①]。因此，这些地块需要利用水网或绿廊穿过中心产生蒸发冷却作用，及种植阔叶落叶乔木保证冬天日照夏季遮阴的环境来改善这种状况。同时，在建筑实体确定的情况下，进行宜居性图像的分析，也可以较好地布置公共空间，引导人们向热环境较好的区域活动。

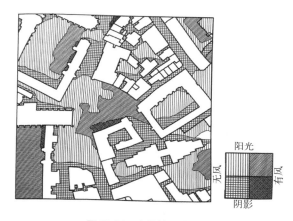

图13-11 宜居性图像分析
图像来源：改绘自参考文献 [118]

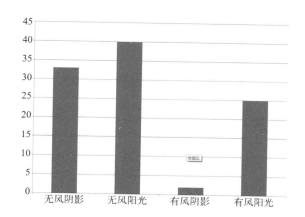

图13-12 检验图像的不同区域统计

---

① 董卫.可持续发展的城市与建筑设计[M].南京：东南大学出版社，1999.

图 13-13 显示了温度、热辐射、风向的叠加关系，天空视角（SVF）的引入可以更加清晰的显示温度梯度变化的过程。颜色越深的地方代表温度变化越小，三者的叠加有助于观察城镇实体空间形态在夏季的环境情况，哪些部分温度低，如何创造相对低温的环境[①]。从图上可以看出，黑色部分尤其集中在围合型建筑周围，这也同时证明了"城镇冷岛"[②]的存在，提示了未来的低碳化实体空间规划建设的方向。

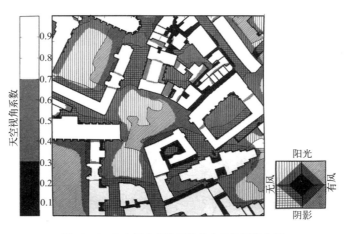

图 13-13　加入天空视角系数的宜居性图像分析
图片来源：改绘自参考文献［118］

### 13.5.4　应用与不足

宜居性图像的分析也可以运用到大型城市设计项目中去，尤其是从总体规划阶段就可以应用研究提出的网络构建—公共交通网络引导建设—地块混合使用的基本建设顺序，可以从宜居性角度验证低碳化规划程序与方法的实际效用。

尽管图像中信息的收集与量化及实际应用价值还需要进一步深化，但这种分析或多或少的可以表示舒适空间在城市实体空间形态中的分布。长三角水网城镇的季节性温差较大，看中通风和遮阳，图像可以清晰反应哪些地区适宜冬季、哪些适宜夏季，并帮助规划师利用水网、植物和建筑构筑四季皆宜的环境。图像在后续研究中需要深化以下问题：

（1）参选要素的继续丰富。如图像可以加入对潜在性碳排放的估算图，并与其他要素相叠加，有利于对特定地区进行详细设计。

（2）图像建立平台的科学搭建。目前对参选要素的图形分析主要依靠计算机日照软件及网格法进行，但对通风等要素难以科学判断，需要借助其他学科的研究建立综合的图像平台。

（3）适应不同季节和城镇的多重分析。目前只能手动针对不同季节进行研究，需要在综合平台构建的基础上，对不同季节的要素指标进行量化，可以多重分析城镇实体形态的宜居性图像。

---

① 姚润明，昆.斯蒂等.可持续的城市与建筑设计：中英文对照版［M］.北京：中国建筑工业出版社，2006.
② 刘万军.城市"冷岛"效应［J］.气象与环境学报，1991（3）：12-17.

# 结语：低碳城镇建设的未来

目前，长三角水网城镇的快速发展是一种综合性的扩张，不仅在正面使社会经济、城镇发展、生活水平等稳步提高，同时也带来了温室气体排放加剧、环境污染、城市拥挤等问题。在表象上，我们重复了欧美国家二三百年城市化的所有情景；在实际上，我们不可能通过殖民、掠夺和制定国际规则来转嫁处理城镇化种种问题所带来的成本。因此，长三角地区的低碳规划必须独立面对资源环境、空间环境的极度压缩和人口的巨大压力，在本系统内务实地解决。

当前规划方面针对区域如长三角城镇体系规划，针对城镇如各地总体规划，针对生态环境如低碳生态规划的理论基本属于"舶来品"，是欧美国家为适应自身城镇化完成后所面对的各种问题而发展的。同时，在竖向上不同层次的规划理论和与其平行的实践方法和管理手段都缺乏相应的融合。因此，应当改变将"二手"理论运用于中国城镇化的现状，必须制定适应长三角水网环境自身特点的低碳化规划程序与方法。

经济、社会、环境、制度是可持续发展的支柱（朱介鸣，2010），城市规划作为一项综合性科学，其制定应当对这四点起到推动作用。笔者认为，现阶段规划主要解决的问题是经济与环境博弈，而解决的重点应当在制度层面设计符合现状的程序与方法，解决的根本则是社会公众利益的保障。因此，水网城镇低碳化规划解决的是环境问题，更是制定一套上下体系融合的程序与方法来保障整体利益的实现。

基于对现实情景、理论发展、规划作为的以上三点思考，更加反证了研究的必要性与适应性，即在竖向上串联区域层面、城镇范围、地块单元；在横向上把握水网、绿网、碳网；在研究层次上包含系统认识、网络构建、城镇形态优化；在人类感知上关注地理、气候、实体环境，来实现长三角水网城镇的低碳化发展和人们生活环境的整体提升。要实现这些目标，我们必须认清现实、憧憬未来、明确方向。

## 一、认识现状满是坎坷

城市规划是一门综合的学问，但有三个弱点：技术上偏软——缺少即效性的解决办法；理论上趋同——发展千年规划理论"同而不合"；实践上不以规划师的意志为转移——现行体制决定了话语权的归属。虽然主要原因是规划的研究对象——城市，一个复杂的巨系统，规划的任务却需要进行预测性的安排，并常常陷入各方利益之争的漩涡。

第一，政治上规划现状地位不理想。规划常在行政管理中被调侃为"龙头"，却一直以来作为一个普通政府管理部门。即使被称为规划，即使完成了区域的全覆盖，实际也只是在物质空间层面的布局安排，在城市建设层面，也往往充当"幕僚"的角色。

第二，技术上水平不一，难以承担法律赋予的权利。"城市规划"是研究城市的未来发展、城市的合理布局和综合安排城市各项工程建设的综合部署，是一定时期内城市发展的蓝图，是城市管理的重要组成部分，是城市建设和管理的依据，也是城市规划、城市建设、城市运行三个阶段管理的前提。规划需要对城市这个复杂的巨系统做出未来20年的综合部署和全面安排，规划师的背景和受教程度不一，在多数城市总体规划规划期限20年，往往不出5年就要修编，实难承担法律交代的任务。

第三，基础人口大，适宜建设用地稀少城镇化的内外形势不比西方。我国，尤其是东部水网城镇人口基数大，经过30年的改革开发和土地经济，建设用地匮乏，多数地区的规划尚未成型就要面临转型，在有限的空间和时间内需要完成西方用战争和百年来完成的任务。

第四，根本上低碳规划没有先例，需要摸着石头过河。国外的低碳城市规模小、人口少，更像一个我国社区样本。我国目前在编的低碳规划，多数还是属于冠以科技名词的圈地规划，在相当一段时间内建设能耗远大于节约的数量。可以大胆的说，穹顶之下还没有已实践完成的低碳规划。

## 二、看清未来大有可为

时间上，我国城镇化正处在快速发展时期，至少还需要20年才能大致完成；从现阶段行政体制布局来看，城市规划应该是国家管理城镇化的过程，是保障城镇化健康发展的有效工具；同时，我国国民经济发展战略由出口拉动逐渐转向内需拉动，城镇化创造需求，现阶段需求还不足，从国家战略层面也必须做好城镇化这篇文章。

发展上，东部城市在城镇化完成后需要寻找新的经济增长点，低碳城市及其所包含的各方面内容是很好的突破。东部水网城市经过30多年的快速发展，已从外延式粗放型发展逐渐转向精细化内涵式开发，低碳城市不仅仅是城市碳排放的减少，不仅仅是填掉几根烟囱，关掉几间工厂，少开几天车那么简单，其核心在于技术创新和制度创新，鼓励发展新能源、新技术，碳的排放只是城市发展的一个检测手段。

政治上，随着依法治国的深入和法制的不断健全，多规合一，一张蓝图干到底正被越来越多的城市管理者所接受。规划被重视，地位在提升是现在不争的事实。

## 三、低碳规划的未来发展方向

城镇化超过50%之后，精细化发展的趋势要求在城市不同地域采用低碳规划的设计方法，从求经济发展到求生态建设。低碳规划与政治、哲学等方面的结合，地位上规划必须上升到国家战略层面，从政治角度谈问题；思想上低碳规划的哲学研究，横向上需拓宽理论的深度。长三角水网城镇低碳化规划的研究是在一个巨大系统中开展的大课题，很多问题还需要进一步拓展和深入。

第一，低碳化规划理论体系的研究。需要建立完善的长三角水网城镇低碳化规划的理论体系和框架，本研究尽管作了一定工作，但是侧重于结论性、方法性的内容，还没有形成完善、与长三角水网城镇相契合的理论。

第二，低碳化规划控制方法的研究。规划设计的根本在于突破行政制度、经济利益、人情世故的阻碍后成功的实施，而控制方法的研究则是保障实施的重要环节。在后续的研究中，如何通过硬性、弹性、奖励政策、惩罚措施等来为规划"保驾护航"是必须完成的一个议题。

第三，如何通过公众参与保障规划的正确性和利益公平分配。城市规划的目的之一在于整合资源促进经济，而低碳化规划的实施在一段时期内可能产生"阵痛"。在这一时期如何保证公众的参与，保障规划所带来利益的公平分配是后续研究的重点。

第四，滨海城镇、工业的关注。海洋及沿岸植物在碳汇中的巨大作用超过了全球碳汇总量的55%，而长三角地区的滨海城镇、化工园的大规模建设对环境的影响短期内难以显现，一旦显现问题巨大，加之日本核废水的排放对这些城镇的冲击在后续低碳化研究中应当列为重点。

第五，不同规划的融合方法。低碳化规划不是一个规划、一个部门就能完成的事情，需要不同规划的融合。而现阶段各部门对权利、利益的过于重视导致"多规合一"的实践一直没有体质保障。未来的低碳化规划研究应重视最终目标、利益平衡、实践成本等要素的关系进行丰富完善。

第六，区域—城镇—乡村联动的实施方法。低碳化、城镇化一直以来都是一个城乡互动的过程，而我国城乡合制的行政体制是比西方国家具备城乡统筹的优势。然而如何通过区域—城镇—乡村联动带来的要素、人口、产业流动来保障低碳化的实施是后续研究的重要方面。

# 参考文献

## 论文著作

[1] Baruch Givoni. Climate Consideration in Building and Urban Design. A Division of International Thomson Publishing Inc, 1998.

[2] Boon Lay Ong Green Plot ratio. An Ecological Measure for Architecture and Urban Planning [J]. Landscape and Urban planning, 2000.

[3] Chip Sullivan.Garden and Climate[M].New York：McGraW-Hill，2002.

[4] Christian Nellemann，Emily Corcoran，Carlos M. Duarte.Blue Carbon——The Role of Healthy Oceans in Binging Carbon[M].NUEP，FAO，2009.

[5] Conine，Xiang W N，Young J. Whitley.Planning for multi-purpose greenways in Concord，North Carolina [J]. Landscape and Urban Planning. 68:271-287.

[6] D.a.Saunders and RJ.Hobbs，eds.Nature conservation：the role of corridors，Surrey Beatty and Sonns[M].2003.

[7] Duany A，Plater-Zyberk E，Speck J 著.郊区国家：蔓延的兴起与美国梦地方衰落[M]. 苏薇，左进等译.武汉：华中科技大学出版社，2008.

[8] E. D. 培根.城市设计[M].北京：中国建筑工业出版社，1989.

[9] Fabos J. G. Greenway planning in the United States: its origins and recent case studies [J]，Landscape and Urban Planning，2004(68): 321-342.

[10] Forman R T T，Godron M. Patches and structural components for a landscape ecology[M]. BioScience，1981.

[11] Gary O Robinette.Landscape Planning for Energy Conservation.New York:Van Nostrand Reinhold Company Inc.，1993.

[12] Givoni. Climate Consideration in Building and Urban Design [M].A Division of International Thomson Publishing Inc，1998.

[13] Huang Yaozhi，Li Qingyu.Research of low-carbon-based control measures for network system in small towns in Yangtze river delta[C]. The 47th IFLA world congress, London science publishing.

[14] Santamouris M.Energy and Climate in Urban Environment [M].James and James，Ltd，London，2001.

[15] T.R.Oke.Boundary Layer Climates[M].Paris：Routledge, 1987.

[16] United Nations Center for Human Settlements.Cities in a Globalizing World：Global Report on Human Settlements[M].2001.

[17] 毕军.后危机时代我国低碳城市的建设路径[J].南京社会科学，2009（11）：12-17.

[18] 车生泉.城市绿色廊道研究[J].城市规划，2001（11）：42-46.

[19] 陈昌笃.景观生态学与生物多样性保护[C].暨第二届景观生态学学术讨论会论文集，北京：1996，5.

[20] 陈飞，诸大建.低碳城市研究的内涵、模型与目标策略确定[J].城市规划学刊，2009（4）：7-14.

[21] 陈飞，诸大建等.城市低碳交通发展模型、现状问题及目标策略[J].城市规划学刊，2009（6）：39-47.

[22] 陈爽，张皓.国外现代城市规划理论中的绿色思考[J].规划师，2003（4）：73-82.

[23] 陈泳.古代苏州城市形态演化研究[J].城市规划学刊，2002（5）：55-60.

[24] 陈泳.苏州古城结构形态演化研究[M].南京：东南大学出版社，2006.

[25] 董卫.可持续发展的城市与建筑设计[M].南京：东南大学出版社，1999.

[26] 董祚继.低碳国土规划[J].城市发展研究，2010（7）：1-5.

[27] 段进.城市空间发展论[M].南京：江苏科学技术出版社，1990.

[28] 菲力普·麦瑟著.从规划到建筑[M].陈颖译.沈阳：辽宁科学技术出版社，2003.

[29] 付允，马永欢等.低碳经济的发展模式研究[J].中国人口资源与环境，2008（3）：13-19.

[30] 高慎盈等采访、编辑.仇保兴把脉"城市病"[J].瞭望周刊，2006（3）：16-20.

[31] 顾朝林，谭纵波，刘宛.低碳城市规划寻求低碳化发展[J].建设科技，2009（15）：38-39.

[32] 顾朝林，谭纵波等.气候变化、碳排放与低碳城市规划研究进展[J].城市规划学刊，2009（3）：36-45.

[33] 顾朝林，甄峰，张京祥.集聚与扩散——城市空间结构新论[M].南京：东南大学出版社，2000.

[34] 顾朝林，谭纵波等.气候变化、碳排放与低碳城市规划研究进展[J].城市规划学刊，2009（3）：38-45.

[35] 顾朝林等.集聚与扩散：城市空间结构新论[M].南京：东南大学出版社，2000.

[36] 黄琲斐.面向未来的城市规划和设计[M].北京：中国建筑工业出版社，2004.

[37] 黄光宇，陈勇.生态城市理论与规划设计方法[M].北京：科学出版社，2002.

[38] 黄明华，王阳，步茵.由控规全覆盖引起的思考[J].城市规划学刊，2009（6）：27-34.

[39] 黄亚平.城市空间理论与空间分析[M].南京：东南大学出版社，2002.

[40] 黄耀志，陆志刚，李清宇.生态网络与生态经济的一体化发展[J].现代城市研究，2010（4）：34-39.

[41] 黄耀志，陆志刚，肖凤.小城镇详细规划设计[M].北京：中国建筑工业出版社，2009.

[42] 黄耀志.生态视角下的城市结构形态发展变化作用力研究[C].广州第十六届国际城市形态研究大会，2009.

[43] 吉沃尼著.人·气候·建筑[M].陈士辚译.北京：中国建筑工业出版社，1982.

[44] 简·雅各布斯著.美国大城市的死与生[M].金衡山译.北京：译林出版社，2008.

[45] 凯文·林奇.城市意象[M].方益萍，何晓军译.北京：华夏出版社，2001.

[46] 克莱尔·库珀·马库斯，卡罗琳·弗朗西斯编著.人性场所——城市开放空间设计导则(第二版)[M].俞孔坚，孙鹏，王志芳等译.北京：中国建筑工业出版社，2001.

[47] 克利夫·芒福汀.绿色尺度[M].陈贞，高文艳译.北京：中国建筑工业出版社，2004.

[48] 拉斐尔·奎斯塔，克里斯蒂娜·萨里斯，保拉·西格诺莱塔.城市设计方法与技术[M].杨至德译.北京：中国建筑工业出版社，2006.

[49] 冷红，郭恩章，袁青.气候城市设计对策研究[J].城市规划，2003（9）：47-52.

[50] 李博.城市禁限建区内涵与研究进展[J].城市规划学刊，2008（4）：34-45.

[51] 李德华.城市规划原理(第三版)[M].北京：中国建筑工业出版社，2005.

[52] 李浩.控制性详细规划的调整与适应：控规指标调整的制度建设研究[M].北京：中国建筑工业出版社，2007.

[53] 李敏.城市绿地系统与人居环境规划[M].北京：中国建筑工业出版社，1999.

[54] 李清宇，黄耀志.长三角水网小城镇低碳化调控措施研究[C].中国风景园林学会年会，2010.

[55] 李清宇，黄耀志.长三角小城镇水网系统健康的规划方法与途径[J].现代城市研究，2010（9）：72-81.

[56] 李清宇，黄耀志.低碳城市建设背景下的苏南小城镇公共绿地与生态经济一体化设计[J].生态经济，2010（2）：191-195.

[57] 李清宇，王慧娜，许达.山地工业园综合生态环境规划设计研究[J].国土资源科技管理，2009（3）：34-38.

[58] 李晓伟，曹伟.基于低碳理念的厦门概念规划研究[J].规划师，2010（5）：20-26.

[59] 李晓文，胡远满，肖笃宁.景观生态学与生物多样性保护[J].生态学报，1999（3）：399-407.

[60] 李迅，张国华等.中国城市交通发展的绿色之路[J].城市规划学刊，2008（6）：50-56.

[61] 理查德·马歇尔，沙永杰.美国城市设计案例[M].北京：中国建筑工业出版社，2003.

[62] 梁思成.拙匠随笔[M].天津：百花文艺出版社，2005.

[63] 林宪德.城乡生态[M].台北：詹氏书局，2007.

[64] 林宪德.热湿气候的绿色建筑计划——由生态建筑到地球环保[M].台北：詹氏书局，1996.

[65] 林姚雨，吴佳民.低碳城市的国际实践解析[J].国际城市规划，2010（1）：43-47.

[66] 刘滨谊，余畅.美国绿道网络规划的发展与启示[J].中国园林，2001（6）：77-81.

[67] 刘滨谊等.城市滨水区景观规划设计[M].南京：东南大学出版社，2006.

[68] 刘东云，周波.景观规划的杰作——从翡翠项链到新英格兰地区的绿色通道规划[J].中国园林，2001（3）：59-61.

[69] 刘海龙.从无序蔓延到精明增长——美国"城市增长边界"概念述评[J].城市问题，2005（3）：18-23.

[70] 刘捷.城市形态的整合[M].南京：东南大学出版社，2004.

[71] 刘茂松，张明娟.景观生态学——原理与方法[M].北京：化学工业出版社，2004.

[72] 刘万军.城市"冷岛"效应[J].气象与环境学报，1991（3）：12-17.

[73] 刘文玲，王灿.低碳城市发展实践与发展模式[J].中国人口资源与环境，2010（4）：17-23.

[74] 刘占成，王安建等.中国区域碳排放研究[J].地球学报，2010（5）：727-732.

[75] 刘志林，戴亦欣等.低碳城市理念与国际经验[J].城市发展研究，2009（6）：4-12.

[76] 龙惟定.白玮等.低碳城市形态与能源愿景[J].建筑科学，2010（2）：15-23.

[77] 卢济威，杨春侠.以水取向的城市形态——杭州滨江区江滨地区城市设计[J].建筑学报，2003（4）：4-11.

[78] 罗莎林德，格林斯坦，耶希姆，松古埃希马尔茨著.循环城市：城市土地利用与再利用[M].北京：商务印书馆，2007.

[79] 马光，胡仁禄.城市生态工程学[M].北京：化学工业出版社，2003.

[80] 马强，徐循初."精明增长"策略与我国空间形态扩展[J].城市规划学刊，2004（3）：16-24.

[81] 迈克尔·霍夫著，洪得绢，颜家芝，李丽雪译.都市和自然作用[M].台北：田园城市文化事业有限公司，1998.

[82] 芒福德著.城市发展史——起源、演变和前景[M].宋俊岭等译.北京：中国建筑工业出版社，2008.

[83] 毛蒋兴，闫小培.城市交通系统与城市空间格局互动影响研究——以广州为例[J].城市交通，2005（5）：36-43.

[84] 茅林.杭州市低碳交通"十二五"发展规划基本问题的思考[J].公路，2010（8）：182-184.

[85] 孟亚凡.美国景观设计职业的形成[J].中国园林，2003（4）：54-56.

[86] 欧阳志云等.大城市绿化控制带的结构与功能[J].城市规划，2004（4）：41-45.

[87] 潘海啸，汤锡.中国低碳城市的空间规划策略[J].城市规划学刊，2008（6）：56-64.

[88] 潘海啸，任春洋.《美国TOD的经验、挑战与展望》评介[J].国外城市规划，2004（6）：61-69.

[89] 彭小雷.水网中的城市——绍兴市镜湖空间发展规划[J].规划师，2004（3）：39-42.

[90] 彭一刚.建筑空间组合论[M].北京：中国建筑工业出版社，1998.

[91] 齐康.城市的形态[J].城市规划，1982（2）：22.

[92] 邱枫.从双格网到单格网——宁波老城街道网、水网格局的演变[J].规划师，2008（2）：92-96.

[93] 任福兵，吴青芳等.低碳社会的评价指标体系构建[J].江淮论坛，2010（1）：166-172.

[94] 沈清基编著.城市生态和城市环境[M].上海：同济大学出版社，1998.

[95] 宋伟轩.封闭社区研究进展[J].城市规划学刊, 2010 (4): 42-51.

[96] 孙施文.现代城市规划理论[M].北京:中国建筑工业出版社, 2007.

[97] 汪毅.低碳视角下城市总体规划编制技术应用探讨——以武汉市总体规划为例[J].规划师, 2010 (5): 15-20.

[98] 王富海,谭维宁.更新观念重构城市绿地系统规划体系[J].风景园林, 2005 (4): 16-22.

[99] 王建国.现代城市设计理论和方法(第二版)[M].南京:东南大学出版社, 2001.

[100] 王润,刘家明等.基于低碳理念的旅游规划设计研究[J].旅游论坛, 2010 (2): 167-172.

[101] 吴良镛等.发达地区城市化进程中建筑环境的保护与发展[M].北京:中国建筑工业出版社, 1999.

[102] 吴人韦.国外城市绿地的发展历程[J].城市规划, 1998 (6): 34-43.

[103] 吴人韦.支持城市生态建设——城市绿地系统规划研究[J].城市规划, 2004 (4): 63-71.

[104] 吴志强,肖建莉.世博会与城市规划学科发展——2010上海世博会规划的回顾[J].城市规划学刊, 2010 (3): 6-13.

[105] 西蒙兹著.景观设计学(第三版)[M]. 俞孔坚,王志芳译.北京:中国建筑工业出版社, 2000.

[106] 肖荣波,艾勇军.欧洲低碳节能规划启示[J].现代城市研究, 2009 (11): 26-31.

[107] 新都市主义协会.新都市主义宪章[M].杨北帆,张萍,郭莹译.天津:天津科学技术出版社, 2004.

[108] 邢忠,黄光宇,颜文涛.将强制性保护引向自觉维护——城市非建设用地的规话与控制[J].城市规划学刊, 2006 (1): 38-44.

[109] 邢忠,陈诚.城市水系与城市空间结构[J].城市发展研究, 2007 (1): 27-32.

[110] 邢忠,应文,颜文涛等.土地使用中的"边缘效应"与城市生态整合——以荣县城市规划实践为例[J].城市规划, 2006 (1): 19-27.

[111] 熊国平.当代中国城市形态演变[M].北京:中国建筑工业出版社, 2006.

[112] 徐苗,杨震.起源与本质:空间政治经济学视角下的封闭住区[J].城市规划学刊, 2010 (4): 35-41.

[113] 徐小东.我国旧城住区更新的新视野——支撑体住宅与菊儿胡同新四合院之解析[J].新建筑, 2002 (2): 6-9.

[114] 杨保军.人间天堂的迷失与回归[J].城市规划学刊, 2007 (6): 12-24.

[115] 杨东盛编著,徐扬插图.姑苏繁华图[M].天津:天津人民美术出版社, 2008.

[116] 杨立峰.上海城市交通的制约因素与"后世博"解困策略[J].上海城市管理, 2010 (6): 16-19.

[117] 杨山.南京城镇空间形态的度量和分析[J].长江流域资源与环境, 2004 (1): 7-11.

[118] 姚润明,昆.斯蒂等.可持续的城市与建筑设计:中英文对照版[M].北京:中国建筑工业出版社, 2006.

[119] 于海霞,左玉辉.厦门市水域生态规划初探[J].水资源保护, 2005 (1): 5-10.

[120] 俞孔坚,李迪华,刘海龙."反规划"途径[M].北京:中国建筑工业出版社, 2005.

[121] 约翰·彭特著.美国城市设计指南:西海岸五城市的设计政策与指导[M].庞玥译.北京:中国建筑工业出版社, 2006.

[122] 张京祥.低碳规划反对声音[J].规划师, 2010 (5): 5-9.

[123] 张京祥.对我国低碳城市发展风潮的再思考[J].规划师, 2010 (5): 4-8.

[124] 张庆费等.国际大都市绿化系统特征分析[J].中国园林, 2007 (7): 76-78.

[125] 张泉,潘斌等.低碳对规划的冲击有多大[J].城市规划, 2009 (12): 79-82.

[126] 张泉,叶兴平,陈国伟.低碳城市规划——一个新的视野[J].城市规划, 2010 (2): 13-20.

[127] 张庭伟.美国滨水区开发与设计[M].上海:同济大学出版社, 2003.

[128] 赵宏宇,郭湘闽等.碳足迹视角下的低碳城市规划[J].规划师, 2010 (5): 8-15.

[129] 赵燕菁,刘昭吟.税收制度与城市分工[J].城市规划学刊, 2009 (6): 4-10.

[130] 郑晓冬.关于低碳生态城市规划的几点设想[J].科技与生活，2010（10）：194.

[131] 郑晓伟.动态理念下的控规指标体系及实施机制[J].现代城市研究，2010（2）：39-44.

[132] 中国城市科学研究会.中国低碳生态城市发展战略[M].北京：中国城市出版社，2009.

[133] 周年兴，俞孔坚，黄震方.绿道及其研究进展[J].生态学报，2006（9）：56-63.

[134] 周晓娟.西方国家城市更新与开敞空间设计[J].现代城市研究，2001（1）：23-27.

[135] 朱东风.城市空间研究回顾与展望——兼论城市空间主客体性的融合[J].现代城市研究，2005（12）：35-42.

[136] 朱强，俞孔坚，李迪华.景观规划中的生态廊道宽度[J].生态学报，2005（9）：14-19.

[137] 朱喜钢.城市空间集中与分散论[M].北京：中国建筑工业出版社，2002.

[138] 邹卓君，杨建军.城市形态演变与城市水系动态关系探讨[J].规划师，2003（2）：87-90.

### 学位论文

[139] Jason T. Burdette. Form-Based Codes: A Cure for the Cancer Called Euclidean Zoning [D]. Degree of Virginia Polytechnic Institute and State University, 2004.04.

[140] 陈飞.建筑与气候——夏热冬冷地区建筑风环境研究[D].上海：同济大学，2007.

[141] 陈天.城市设计的整合性思维[D].天津：天津大学，2007.

[142] 邓梦.小城镇建设的生态理念及其对策研究[D].重庆：重庆大学，2006.

[143] 顾倩.基于低碳理念的生态社区规划研究[D].杭州：浙江大学，2009.

[144] 姜允芳.城市绿地系统规划的理论与方法[D].上海：同济大学，2007.

[145] 李春辉.水网地区小城镇空间格局研究[D].苏州：苏州科技学院，2010.

[146] 李海峰.城市形态、交通模式和居民出行方式研究[D].上海：同济大学，2006.

[147] 林朝晖.城市水系空间规划的理论与方法探索[D].上海：同济大学，2004.

[148] 刘树.上海郊区传统水乡风貌与现状风貌的特征比较研究[D].上海：同济大学，2008.

[149] 陆天赞.1990年以来我国城市设计中生态手法的类型研究[D].上海：同济大学，2007.

[150] 马志宇.基于景观生态学原理的生态网路构建研究—以常州市为例[D].苏州：苏州科技学院，2007.

[151] 史丽霞.水系与水乡城镇空间发展规划研究——以姜堰市溱潼镇为例[D].南京：东南大学，2006.

[152] 孙玉.集约化的城市土地利用与交通发展模式研究[D].上海：同济大学，2008.

[153] 谭颖.苏州地区城镇形态演化研究[D].南京：东南大学，2004.

[154] 汪军.城市规划用地控制方法的更新对策[D].上海：同济大学，2007.

[155] 王婧.水网型城市水系规划方法研究——以南通崇川区水系规划为例[D].上海：同济大学，2008.

[156] 王鹏.建筑适应气候——兼论乡土气候及其策略[D].北京：清华大学，2001.

[157] 王新伊.特大型城市绿地系统布局模式研究[D].上海：同济大学，2007.

[158] 裘江.转型期的特大城市绿地系统规划初探[D].上海：同济大学，2001.

[159] 徐小东.基于生物气候条件的城市设计生态策略研究[D].南京：东南大学，2005.

[160] 徐英.现代城市绿地系统布局多元化研究[D].南京：南京林业大学，2005.

[161] 于涛方.中国"GLOBAL-REGIONS"边界研究——界定、演变与机制[D].上海：同济大学，2005.

[162] 余小虎.城市与水的有机联系——水网空间城市设计方案初探[D].重庆：重庆大学，2006.

[163] 曾群.山地城镇生态化景观规划对策[D].重庆：重庆大学，2004.

[164] 张浪.特大城市绿地系统布局及其构建研究——以上海为例[D].南京：南京林业大学，2007.

[165] 张伟利.基于景观安全的多尺度城市水系景观规划及应用研究[D].南京：河海大学，2008.

[166] 赵柯.城乡空间规划的生态耦合理论与方法研究[D].南京：河海大学，2007.

## 其他

[167] Stefan Rau.Eco Territories for China Good cities & Good Countryside[R]. Suzhou：Suzhou University of Science and Technology，2010.

[168] 国家土地管理局.保护耕地专题调研报告[R].北京：中国国土资源部，1998.

[169] 李雪研等.绿化隔离带中楼市异军突起[N].北京日报，2002.11.20.

[170] 全国科学技术名词审定委员会.长三角[DB/OL]. http：//baike.baidu.com/view/181899.htm.

[171] 全国科学技术名词审定委员会.社区[DB/OL]. http：//baike.baidu.com/view/49629.htm.

[172] 全国科学技术名词审定委员会.首位度[DB/OL]. http：//baike.baidu.com/view/1363421.htm.

[173] 全国科学技术名词审定委员会.网络[DB/OL]. http：//baike.baidu.com/view/3487.htm.

[174] 全国科学技术名词审定委员会.系统论[DB/OL]. http：//baike.baidu.com/view/62521.htm.

[175] 同济大学.苏州市生态城市规划大纲[R].苏州市政府，2004.

[176] 中国城市规划设计研究院.苏州水系研究[R].苏州：苏州市规划局，2006.

[177] 中国人口与发展研究中心.全国小城镇综合发展指数评测报告[R].北京，2005.

[178] 中科院南京地理湖泊研究所.苏州市域空间系统规划[R].苏州市政府，2009.